U0176714

"十三五"国家重点研发计划项目

既有居住建筑宜居改造及功能提升关键技术系列丛书

既有居住建筑小区海绵化改造
关键技术指南

黄　欣　曾　捷　李建琳　编著

中国建筑工业出版社

图书在版编目（CIP）数据

既有居住建筑小区海绵化改造关键技术指南 / 黄欣，曾捷，李建琳编著. —北京：中国建筑工业出版社，2020.9

（"十三五"国家重点研发计划项目既有居住建筑宜居改造及功能提升关键技术系列丛书）

ISBN 978-7-112-25386-9

Ⅰ. ①既… Ⅱ. ①黄… ②曾… ③李… Ⅲ. ①居住区—旧房改造—研究—中国 Ⅳ. ①TU984.12

中国版本图书馆 CIP 数据核字(2020)第 161656 号

本书从五个方面论述了既有居住建筑小区海绵化改造的工作流程和内容，包括改造现状与流程、诊断与策划、可行性分析、适宜性技术及工程案例，旨在为不同地域的既有居住建筑小区海绵化改造提供多样化的技术策略，为国家扎实推进海绵城市建设提供可复制、可推广的解决方案，为城市更新提供有益借鉴。

责任编辑：张伯熙　曹丹丹

责任校对：焦　乐

"十三五"国家重点研发计划项目

既有居住建筑宜居改造及功能提升关键技术系列丛书

既有居住建筑小区海绵化改造关键技术指南

黄　欣　曾　捷　李建琳　编著

*

中国建筑工业出版社出版、发行（北京海淀三里河路9号）

各地新华书店、建筑书店经销

北京红光制版公司制版

天津翔远印刷有限公司印刷

*

开本：787毫米×1092毫米　1/16　印张：11　字数：236千字

2021年1月第一版　　2021年1月第一次印刷

定价：**40.00**元

ISBN 978-7-112-25386-9

（36066）

编 写 组

中国建筑科学研究院有限公司   黄　欣　曾　捷　李建琳　师晓洁

北京雨人润科生态技术有限责任公司 刘　强

北控水务（中国）投资有限公司 韩　元

北京建筑大学   王文亮　王建龙

深圳市城市规划设计研究院   任心欣　胥　瀚

大自然保护协会（TNC）   张薰予

深圳市桃花源生态保护基金会

筑博-联合公设

深圳市物业国际建筑设计有限公司

丛 书 序 言

　　新中国成立特别是改革开放以来，我国建筑业房屋建设能力大幅提高，住宅建设规模连年增加，住宅品质明显提升，我国住房发展向住有所居的目标大步迈进。据国家统计局发布的数据，1981 年全社会竣工住宅面积 6.9 亿平方米，2017 年达到 15.5 亿平方米。1981 年至 2017 年，全社会竣工住宅面积 473.5 亿多平方米。人民居住条件得到明显改善，有效地满足了人民群众日益增长的基本居住需求。

　　随着我国经济社会的快速发展和城镇化进程的不断加速，2019 年我国常住人口城镇化率 60.6%，已经步入城镇化较快发展的中后期，我国城镇化发展已由大规模增量建设转为存量提质改造和增量结构调整并重，进入了从"有没有"转向"好不好"的城市更新时期。党的十九大报告指出，我国社会主要矛盾已经转化为人民日益增长的美好生活需要和不平衡不充分的发展之间的矛盾。与新建建筑相比，既有居住建筑改造受到条件限制，改造难度较大。相关政策、机制、标准、技术、产品等方面都还有待进一步完善，与人民群众日益增长的多样化美好居住需求尚有差距。解决好住房、城乡人居环境等人民群众的操心事、烦心事、揪心事，着力推动存量巨大的既有建筑从满足基本居住功能向绿色、健康、智慧、宜居的方向迈进，实现高质量、可持续发展是住房城乡建设领域的一项重要任务，是满足人民群众美好生活需要的重大民生工程和发展工程。

　　天下之大，民生为最。党的十八大以来，以习近平同志为核心的党中央坚持以人民为中心的发展思想，以不断改善民生为发展的根本目的。推进老旧小区改造，既是民生工程也是民心工程，事关城市长远发展和百姓福祉，国家高度重视。近年来，国家陆续出台了一系列政策推进老旧小区改造：2014 年 3 月，中共中央、国务院印发《国家新型城镇化规划（2014－2020 年）》提出，有序推进旧住宅小区综合整治、危旧住房和非成套住房改造，全面改善人居环境。2019 年 3 月，《政府工作报告》指出，城镇老旧小区量大面广，要大力进行改造提升，更新水电路气等配套设施，支持加装电梯和无障碍环境建设。2020 年 7 月，国务院办公厅印发的《关于全面推进城镇老旧小区改造工作的指导意见》要求，全面推进城镇老旧小区改造工作。2020 年 10 月，党的十九届五中全会通过的《中共中央关于制定国民经济和社会发展第十四个五年规划和二〇三五年远景目标的建议》指出，推进以人为核心的新型城镇化，实施城市更新行动，加强城镇老旧小区改造和社区建设，不断增强人民群众获得感、幸福感、安全感。这对既有居住建筑改造提出了更新、更高的要求，也为新时代我国既有居住建筑改造事业的发展指明了新方向。

　　我国经济社会发展和民生改善离不开科技解决方案，而科研是科技进步的源泉和动力。在既有居住建筑改造的科研领域，国家科学技术部早在"十一五"时期，立项了国家科技支撑计划项目"既有建筑综合改造关键技术研究与示范"；在"十二五"时期，立项了国家科技支撑计划项目"既有建筑绿色化改造关键技术研究与示范"；在"十三五"时期，立项了国家重点研发计划项目"既有居住建筑宜居改造及功能提升关键技术""既有城市住区功能提升与改造技术"。从"十一五"至"十三五"期间，既有居住建筑改造逐步转变为基于更高目标为导向的功能、性能提升改造，这对满足人民群众美好生活需要，推进城市更新和开发建设方式转型，促进经济高质量发展起到了积极的促进作用。

2017年7月，中国建筑科学研究院有限公司作为项目牵头单位，承担了"十三五"国家重点研发计划项目"既有居住建筑宜居改造及功能提升关键技术"（项目编号：2017YFC0702900）。该项目基于"安全、宜居、适老、低能耗、功能提升"的改造目标，结合社会经济、设计新理念和技术水平发展新形势，依次按照"顶层设计与标准规范、关键技术与部品装备、技术体系与集成示范"三个递进层面进行研究。重点针对政策机制与标准规范、防灾改造与寿命提升、室内外环境宜居改善、低能耗改造、适老化宜居改造、设施功能提升与设备研发等方向进行攻关，形成了技术集成体系并进行推广应用。通过项目的实施，将形成关键技术、标准规范、部品装备等系列成果，为改善人民群众居住条件和生活环境提供科技引领和技术支撑。

"利民之事，丝发必兴"。在谋划"十四五"规划的关键之年，项目组特将攻关研究成果及其实施应用经验组织编撰成册，即《既有居住建筑宜居改造及功能提升关键技术系列丛书》。本系列丛书内容涵盖政策机制研究、标准规范对比、关键技术研发、工程案例汇编等，并根据项目的实施进度陆续出版。希望本系列丛书的出版能对相关从业人员的工作有所裨益，为进一步推动我国既有居住建筑改造事业的高质量、可持续发展发挥重要的积极作用，为不断增强人民群众的获得感、幸福感、安全感贡献力量。

中国建筑科学研究院有限公司　　　　董事长

前　言

我国既有建筑存量巨大，面积超过 600 亿 m²。自 2015 年 12 月，中央城市工作会议首次提出加快老旧小区改造以来，党中央、国务院多次部署推进老旧小区改造，并相继出台了标准规范、部门规章，各地也在积极探索老旧小区改造的政策机制、改造内容及实施路线。

既有居住建筑小区作为人们生活的必要场所，是城市占地最多的功能区域，伴随着城市发展进程的加快，诸多矛盾逐渐暴露出来，尤其是老旧小区，普遍存在建设标准不高、设施设备陈旧、配套设施不足、景观品质低下、安全存在隐患等问题。我国城镇化率已经接近 60%，城市建设的重点已经从增量扩张转向对存量的提质增效阶段，对城市建成区的改造提质，已经成为城市更新的主要工作内容。通过改造提升小区环境质量，是既有居住建筑小区居民的普遍愿望。

既有居住建筑小区是城市更新的主要对象，也是城市雨污水排水系统的源头，对既有居住建筑小区雨水的控制与利用是海绵城市建设的重要部分。通过对既有居住建筑小区进行海绵化改造，可消除雨水隐患、创造优美环境、完善小区功能、美化城市面貌、提高人们的生活质量、提升人民群众的获得感及幸福感。

我国既有居住建筑雨水控制与利用系统普遍不完善，实施海绵化改造面临诸多现实问题和技术困难，在海绵城市建设快速推进的过程中，由于对海绵城市开发理念理解不到位，出现了改造理论片面化、改造目标单一化、改造策略同质化、改造措施碎片化等问题。

本书从五个方面论述了既有居住建筑小区海绵化改造的工作流程和内容，包括：改造现状与流程、诊断与策划、可行性分析、适宜性技术、工程案例。课题组全面梳理了既有居住建筑小区雨水利用系统现状，充分调研了不同地域海绵化改造实际工程，深入了解了居民对改造的需求和反馈意见，以问题为导向，综合分析相关措施的技术可行性、经济可行性以及改造必要性，提出既有居住建筑小区海绵化改造适宜性集成技术，从径流总量控制、污染控制、雨水资源化利用、建设成本、公众接受度、景观效果等六个维度对技术措施进行统筹评价，并结合实际工程案例进行了技术验证，案例包含严寒冻融城市白城、北方平原缺水城市北京、坡地与平原复合型城市济南、西北湿陷性黄土城市西咸新区、黄土高原干旱城市固原、华东山水城市池州、南方滨海高密度城市深圳等，以此形成全生命期的既有居住建筑小区海绵化改造技术体系。

编制《既有居住建筑小区海绵化改造关键技术指南》，旨在为不同地域的既有居住建筑小区海绵化改造提供多样化的技术策略，为国家扎实推进海绵城市建设提供可复制可推广的解决方案，为城市更新提供有益借鉴。

目　录

第 1 章

改造现状及流程

1.1 改 造 现 状

我国城市居住建筑小区的发展主要经历了三个阶段，第一阶段（1949 年至 1978 年）为起步阶段，人口数量大幅增加，居住建筑建设量极小，出现了建设较为完整的居住小区，但室内外舒适度较差，人民居住水平低下；第二阶段（1978 年至 20 世纪 90 年代中期）为发展阶段，住宅建设规模迅速扩大，走上了商品化、产业化的道路，小区的环境和质量不断完善；第三阶段（20 世纪 90 年代后期至今）为成熟阶段，人民生活水平不断提升，技术和理念不断进步，小区的布局丰富而具有特色，资源节约、生态宜居等可持续发展理念融入住区的规划建设中，截至 2015 年，全国既有居住建筑面积达到 384 亿 m^2。

随着城市建设步伐的加快，环境优美、功能齐全、管理先进的新建住宅小区如雨后春笋般涌现出来，已经成为城市建设和管理水平的展示窗口。相比之下，一些既有居住建筑小区就显得黯然失色，存在设施设备陈旧、建设标准不高、配套设施不足、景观品质低下、安全存在隐患等问题，对既有居住建筑小区进行持续有效的更新改造变得越来越重要。据初步测算，我国既有居住建筑面积总量超过 600 亿 m^2，对既有建筑改造的工作和研究包括：20 世纪 70、80 年代的危房改造，90 年代的节能改造，2006 年后的节水改造，2008 年后的安全性改造，"十一五"期间的综合改造，"十二五"期间的绿色改造。当前城镇化发展进入第二个拐点，城市发展已从增量扩张转向存量发展，倒逼城市转型更新。2020 年 4 月 14 日，国务院常务会议指出，推进城镇老旧小区改造，是改善居民居住条件、扩大内需的重要举措。

城市中的居住建筑小区占据了近 60% 的面积，作为人们生活的必要场所，是城市占地最多的功能区域，是城市更新的主要内容，也是城市雨污水排水系统的源头，对居住建筑小区雨水的控制与利用是海绵城市建设的重要部分。对既有居住建筑小区的海绵化改造，可消除雨水隐患、创造优美环境、完善小区功能、美化城市面貌、提高人们的生活质量、提升人民群众的获得感及幸福感。

1. 改造前存在问题

（1）设施设备陈旧

既有居住建筑小区存在地下管网纵横错乱、管材落后、管网老化、缺乏日常维护、年久失修、管网的漏损率高等现象，造成水资源的严重浪费。同时，随着时间的推移，道路、广场等路面出现低洼、破损，一到下雨天就会发生积水，不仅影响出行，还会导致路面污秽不堪。

（2）建设标准不高

既有居住建筑小区大多数建设年代久远，存在雨水管网年久失修，管道破损，缺乏管理，导致污物沉积、排水不畅，雨水口设置不足，造成暴雨时雨水无法及时排出，雨水倒灌导致大面积积水等问题。此外，还存在雨水和生活污水混接现象，老旧小区雨污合流系统较为常见，易引发城市水污染、水环境问题。

（3）配套设施不足

建设时期较早的既有居住建筑小区，大多采用大水漫灌和人工洒水的方式进行绿化浇灌，不但浪费水，而且会出现过量浇洒和浇洒不匀的情况。另外，部分小区设置有人造湖、瀑布及喷泉等水景，但未采用中水、雨水收集回用等措施解决人工景观用水水源和补水的问题，造成水资源的浪费。

（4）景观品质低下

设计建造时所采用的建设标准较低，其一，未考虑老年人的使用需求，普遍缺乏无障碍适老化设施，给老年人的生活带来不便；其二，对公共交往空间的考虑不足，无法满足居民正常的交流活动需求；其三，小区内主要的绿化形式为单一的楼间绿地，种植设计形式单调、重复，养护缺失，缺乏视觉欣赏功能。

（5）安全存在隐患

既有居住建筑小区在建设之初，没有预估到机动车保有量迅速增长的情况，小区内普遍没有足量的机动车停车位，导致小区广场、绿地、人行道、消防道路等区域被挤占停车，并且规划时未考虑人车分流，导致人车混杂现象普遍存在，同时还存在公共夜景照明不足的情况，造成安全隐患。

2. 改造后的新问题

（1）景观品质不足

透水铺装是海绵城市建设的重要手段之一，被誉为"会呼吸的"地面铺装，其密集多孔的结构，具有良好的透水性、防滑性、降噪性，本身具有较好的生态效益，但是由于我国对透水铺装的研发尚处于起步阶段，未赋予其良好的装饰性能，相较于石材等传统室外铺装材质，透水铺装在品质上略显不足。

既有居住建筑小区在海绵化改造过程中，普遍未进行系统性规划。孤立的低影响开发措施，碎片化的建设，未与景观设施有效衔接与融合，割裂了景观的整体性，破坏了小区的环境品质。

（2）运行成本增加

传统的居住小区是将绿地进行堆土，形成丰富的地形及充分的种植土壤，而海绵城市的建设理念是使绿地的竖向低于周边道路、广场，以利于雨水的滞蓄和下渗。然而海绵化改造后的植物配置或者是延续了原设计，或者是照搬照抄发达国家的耐湿植物，导致植物对土壤湿度或气候环境不适应，继而影响到低影响开发设施（LID）内植物的存活率，使后期维护产生较大的代价。

某些小区在将铺装改造为透水材料后，并未进行人车分流，使承受人行荷载的透水铺装材料还需要承载机动车的通行。高荷载、高频次的通行压力，导致透水铺装材料的寿命缩短，出现破损现象，增加了后期的维护成本。

（3）居民反馈不满

在海绵化改造过程中，普遍缺失对居民的意向调研环节。改造后的小区虽然雨天不再积水了，但是部分场地的使用功能因此产生了改变，引发居民的不满。此外，施工单位对改造产生的建筑垃圾未及时清运，施工过程中对场地内原有植物、设施的破坏等，也是居民反馈较多的问题。

针对居民对小区海绵化改造的满意度，在 2018 年 3 月至 2019 年 11 月期间，课题组于北京市通州区、天津市解放区、池州市贵池区、厦门市思明区、深圳市南山区、珠海市斗门区等地共 15 个居住小区，发放了 500 份调查问卷（附录 2），并深入居民家中进行走访。根据此次调研统计，梳理了居民在小区改造后反馈的 6 个重点问题，具体见图 1-1。

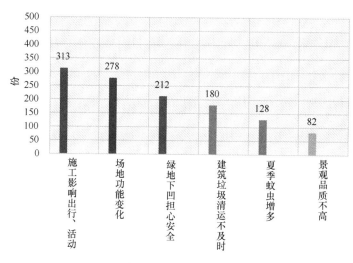

图 1-1　受访居民改造后问题反馈柱状图

数据来源：本课题组调研统计结果。

1.2 改 造 流 程

自 2015 年第一批 16 个海绵试点城市、2016 年第二批 14 个海绵试点城市开展以来，各地海绵城市建设如火如荼地展开，在快速推进的过程中，由于对海绵城市开发理念理解不到位，出现了建设理论片面化、建设目标单一化、建设策略同质化、建设措施碎片化等问题。

我国各地区在气候、环境、资源、经济、文化等方面差异巨大，既有居住建筑小区海绵化改造，应充分了解项目的基本条件，因地制宜、科学布局多样化的雨水措施，有效提高小区的雨水积存和滞蓄能力，改变雨水快排、直排的传统做法，形成以问题为导向、有效落地的改造流程，内容包括诊断、策划、可行性分析、适宜性技术措施（图 1-2）。

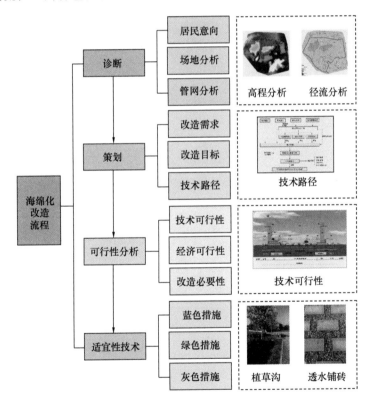

图 1-2 既有居住建筑小区海绵化改造设计流程

第 2 章

诊断与策划

2.1 问 题 诊 断

对既有建筑小区的问题诊断是进行海绵化改造的前提条件,准确地识别与评估,可以为海绵化改造的目标、技术选择提供科学依据。既有建筑小区海绵化改造问题诊断包括居民意向、场地分析、管网分析三方面的内容。

1. 居民意向

通过改造提升小区环境质量,是既有居住建筑小区居民的普遍愿望。海绵化改造可以解决诸多问题,如活动场地雨天积水、雨水口臭味溢出、污水四溢等。但改造不仅是小区硬件的简单提升,还存在众口难调等非硬件难题。不同的业主往往诉求不同,在改造之初,应广泛征集居民意见,包括召开居民座谈会、发放民意调查问卷、到居民家中进行访谈等,并依据居民意见优化方案。只有这样,既有居住建筑小区的海绵化改造才能顺利实施,实现资源节约、环境宜居、生活便利,最大限度地满足居民日益增长的美好生活需要,获得居民的支持和认可。

针对居民对小区海绵化改造的意向,在 2018 年 6~8 月期间,课题组于北京市朝阳区发放了 500 份调查问卷(附录 1),并有效收回 428 份,涉及 72 个居住小区,小区的建设年代主要集中在 1990~2010 年,包括小黄庄 9 号院、和平家园小区、马甸南村小区、北辰福地小区、泰利名苑小区、芍药居小区、惠新里小区等。

根据此次问卷统计,梳理了居民在小区改造需求上的 10 个关键痛点。位列第一的是对解决小区内涝积水的需求,然后是增加停车位、对路面破损进行修复、丰富绿化种植、增设路灯、增加活动场地、完善无障碍设施、屋面漏雨修补、增设垃圾桶以及雨水口有效清淤。具体见图 2-1。

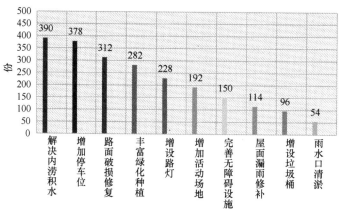

图 2-1　受访居民改造需求柱状图
数据来源:本课题组调研统计结果。

2. 场地分析

海绵化改造是一项综合的系统工程，对场地的前期分析研究是改造的要点之一。通过准确掌握基地概况、场地下垫面、竖向、铺装、绿地、停车、交通、客水等条件，识别海绵化改造中存在的关键问题，科学合理地制定海绵化改造的目标、策略和技术措施。

（1）基地概况解读

基地概况解读主要诊断评估的内容是，掌握小区所在城市或区域年径流总量控制率与降雨量之间的对应关系（以北京市为例，见表2-1）、年平均蒸发量、场地内土壤的类型及渗透性能（表2-2）、场地内或邻近场地是否有水系及分布情况、是否存在场地内涝情况等，在此基础上，可进行初步的目标以及相关措施的可行性预判等。

北京市年径流总量控制率对应设计降雨量 表 2-1

年径流总量控制率（%）	55	60	70	75	80	85	90
设计降雨量（mm）	11.5	13.7	19.0	22.5	26.7	32.5	40.8

数据来源：北京市《雨水控制与利用工程设计规范》（DB11/685—2013）。

土壤渗透系数 表 2-2

序号	地层	地层粒径 (mm)	所占重量 (%)	渗透系数 K	
				(m/s)	(m/h)
1	黏土			$<5.70 \times 10^{-8}$	—
2	粉质黏土			$5.70 \times 10^{-8} \sim 1.16 \times 10^{-6}$	—
3	粉土			$1.16 \times 10^{-6} \sim 5.79 \times 10^{-6}$	$0.0042 \sim 0.0208$
4	粉砂	>0.075	>50	$5.79 \times 10^{-6} \sim 1.16 \times 10^{-5}$	$0.0208 \sim 0.0420$
5	细砂	>0.075	>85	$1.16 \times 10^{-5} \sim 5.79 \times 10^{-5}$	$0.0420 \sim 0.2080$
6	中砂	>0.2	>50	$5.79 \times 10^{-5} \sim 2.31 \times 10^{-4}$	$0.2080 \sim 0.8320$
7	均质中砂			$4.05 \times 10^{-4} \sim 5.79 \times 10^{-4}$	—
8	粗砂	>0.050	>50	$2.31 \times 10^{-4} \sim 5.79 \times 10^{-4}$	—

数据来源：《建筑与小区雨水控制及利用工程技术规范》GB 50400—2016。

（2）下垫面分析

下垫面是影响场地雨水渗透和雨水径流量的重要因素，既有建筑小区的下垫面主要类型有建筑屋面、车行道路、人行道路、广场、绿地、水体等（图2-2）。其中，沥青、混凝土、花岗岩等下垫面，将场地从原始的植被、土壤覆盖变为硬质不透水，减少了土壤和植物对雨水的蓄积和蒸腾，截断了雨水入渗及补给地下水的通道，使地表径流增加。通过下垫面的分析（表2-3），可对场地进行综合雨量径流系数（表2-4）的计算，为制定海绵化改造目标提供必要的数据支撑。

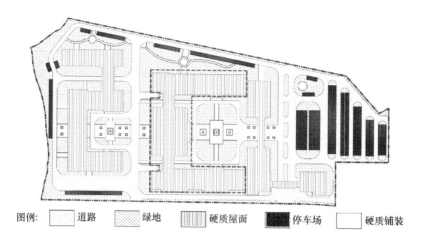

图例：▨ 道路　▨ 绿地　▥ 硬质屋面　■ 停车场　□ 硬质铺装

图 2-2　下垫面分析示意图

下垫面分析一览表　　　　　　　　　　　　　　　　表 2-3

序号	下垫面类型	面积（m²）	比例（%）
1	建筑屋面	24878.66	27.68
2	道路	22946.99	25.53
3	绿地	20751.85	23.09
4	铺装	14872.35	16.55
5	停车场	6435	7.16
6	合计	89884.85	100

径 流 系 数　　　　　　　　　　　　　　　　表 2-4

序号	下垫面类型	雨量径流系数 φ	流量径流系数 Φ
1	绿化屋顶（绿色屋顶，基质层厚度≥300mm）	0.30～0.40	0.40
2	硬质屋顶、未铺石子的平屋面、沥青屋面	0.80～0.90	0.85～0.95
3	铺石子的平屋面	0.60～0.70	0.80
4	混凝土或沥青路面及广场	0.80～0.90	0.85～0.95
5	大块石等铺砌路面及广场	0.50～0.60	0.55～0.65
6	沥青表面处理的碎石路面及广场	0.45～0.55	0.55～0.65
7	级配碎石路面及广场	0.40	0.40～0.50
8	干砌砖石或碎石路面及广场	0.40	0.35～0.40
9	非铺砌的土路面	0.30	0.25～0.35
10	水面	1.00	1.00
11	实土绿地	0.15	0.10～0.20
12	覆土绿地（≥500mm）	0.15	0.25
13	覆土绿地（<500mm）	0.30～0.40	0.40
14	透水铺装地面	0.80～0.45	0.08～0.45
15	下沉广场（50年及以上一遇）	—	0.85～1.00

数据来源：《海绵城市建设技术指南——低影响开发雨水系统构建（试行）》。

（3）铺装分析

既有居住建筑小区的铺装分析，主要针对现状所使用的铺装材料是否出现沉降，是否有破损以及破损的程度。依据分析结果，梳理需要重新铺设、局部修复或继续保留的铺装区域，为铺装改造提供合理性依据（图 2-3、图 2-4）。

图 2-3　广场砖陈旧破损

图 2-4　道路沉降引发积水

（4）绿地分析

居住建筑小区的绿地可有效改善居住环境，美化公共空间，提供游憩场地，并可结合海绵化改造设置下凹式绿地、雨水花园、植草沟、雨水湿地等绿色基础设施。通过了解小区的景观功能分布，调查绿化种植情况、地下空间开发状况、覆土厚度、综合管线布置情况等，同时结合竖向、坡度等条件，评估适宜转输、净化、受纳雨水的绿地类型及范围，可为海绵化改造的设施布局提供有效依据（图 2-5）。

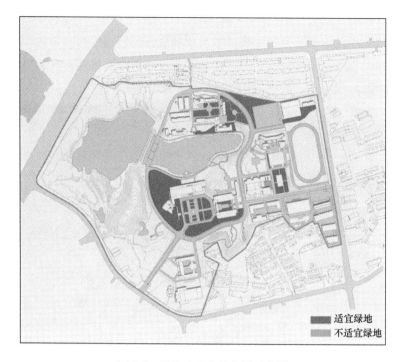

图 2-5　绿地改造条件分析示意图

（5）停车设施分析

由于既有居住建筑小区建设年代较早，机动车停车空间资源紧张，同时物业管理缺乏，导致消防通道被堵塞、小区道路被挤占、公共绿地被破坏，小区交通通行不畅、居民安全存在隐患，严重影响小区和谐。分析小区内停车设施现状、地面停车位范围、居民停车需求，充分挖掘停车潜力，整合可利用的停车空间、增设的机动车和非机动车停车位，将停车位进行透水改造，改善居民停车现状，为进一步实现小区"交通有序、停车增量、环境美化、管理提升、居民满意"提供基础条件（图 2-6）。

图 2-6　某小区机动车乱停放现状

（6）交通分析

建设年代较早的小区多为人车混行，机动车与非机动车、非机动车与行人、机动车与行人的交叉较多，事故多发，存在安全隐患。分析场地内现状交通流线，根据现状条件调整和完善交通体系，包括改造路网、调整路宽、增设人行道、优化出入口、设置自行车专用道等措施，以满足交通和消防需求，使交通流线简洁顺畅、使用方便，行人、汽车流线互不干扰但又互相贯通，并依据消防车道路、机动车道路、人行道路、停车场、广场等不同功能的铺装，针对轻荷载、低频次的铺装进行海绵化透水改造，实现交通组织优化、路网功能提升、交通秩序规范、场地雨水安全有效下渗（图 2-7）。

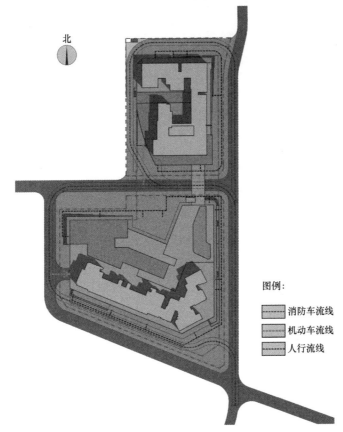

北

图例：

━━━━　消防车流线

━━━━　机动车流线

━━━━　人行流线

图 2-7　某小区交通分析图

（7）竖向分析

竖向分析是海绵化改造的重要诊断手段，关系到地表径流的汇集路线和排放路线。分析场地内地面的高程和坡度，分析雨水依靠重力流的自然汇流路径，直接影响到海绵城市技术措施的采用和布局。具体来说，针对竖向上较为平坦或低洼的区域，要设法疏导雨水，引导雨水有序地汇入到海绵城市低影响开发设施中，避免积水问题产生；对于竖向上具有一定坡度的区域，则要根据坡度的大小，设置设施缓解雨水的快速汇集和冲刷，避免造成土壤流失、泥水四溢等不良后果（图 2-8）。

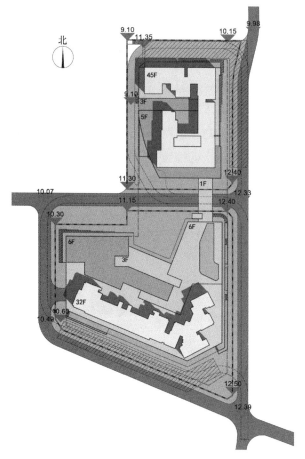

图 2-8 某小区竖向分析图

（8）客水分析

海绵城市建设要求本场地的雨水最大限度地实现就地消纳、吸收和利用，同时要求科学有效地防止客水汇入场地，避免造成场地内涝等安全问题。分析场地内外地势，判断是否产生客水汇入以及有汇入客水的风险区域，从而采取措施有效预防（图 2-9）。

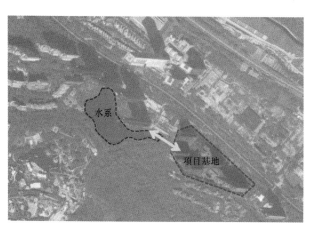

图 2-9 某小区周边水系分析图

综上所述，既有居住建筑小区海绵化改造的场地分析，主要包含基地概况解读、下垫面分析、铺装分析、绿地空间分析、停车设施分析、交通分析、竖向分析、客水分析等 8 个方面。各方面问题诊断方法的具体指导意义和成果见表 2-5。

场地分析一览表　　　　　　　　　　　　　表 2-5

序号	分析方法	指导意义	成果
1	基地概况解读	掌握基地所在区域的降雨情况、土壤类型、蒸发量资料、水系分布等，通过预判，建立科学的海绵化改造策划基础	年径流总量控制率和降雨量对应关系图、土壤渗透性、蒸发量示意图、水系分布图
2	下垫面分析	了解小区基本情况、现状雨水径流系数，为制定海绵化改造目标提供数据支持	下垫面分析图 下垫面占比 现状径流系数
3	铺装分析	梳理需要重新铺设、局部修复或继续保留的铺装区域，为铺装改造提供合理性依据	铺装现状实景 铺装分析图
4	绿地空间分析	了解景观功能分布、种植情况、可利用绿地范围，为开展有效落地的海绵设施布局提供依据	现状绿地图 现状种植图 场地绿化实景
5	停车设施分析	分析小区内停车设施、地面停车位范围、停车需求，为改善居民停车现状、将停车位进行透水改造等提供依据	现状停车位布局图
6	交通分析	分析小区内消防车道、机动车道、人行道等不同功能、荷载、频次的道路，为针对轻荷载低频次的道路进行透水改造提供依据	交通分析图
7	竖向分析	分析场地高程和坡度，梳理场地竖向劣势区域，针对性地采用技术措施，避免积水或雨水冲刷	竖向分析图
8	客水分析	分析场地内外地势，判断是否产生客水汇入以及有汇入客水的风险区域，从而采取措施有效预防	客水分析图

3. 管网分析

受建设时期技术水平和经济条件的制约，既有居住建筑小区雨污水管网设施较为落后，如管道的设计标准较低，导致排水能力不足；管材的耐久性较差，导致管网漏损严重；雨污水管网存在混接现象，导致污水、臭气冒溢，污染环境。在海绵化更新改造设计时，应充分掌握小区的屋面排水系统、地下雨水管网、地下污水管网现状，为有效衔接和引导屋面、路面雨水径流，合理进行雨污分流改造提供依据（图 2-10）。

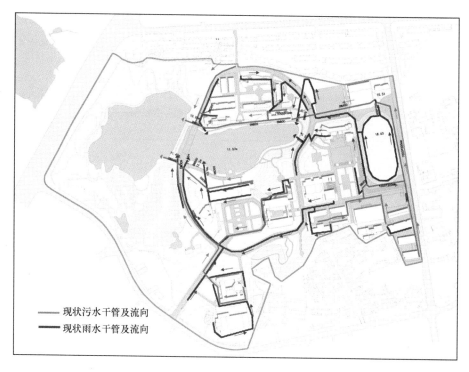

图 2-10　某小区雨污水管网分析示意图

（1）屋面排水系统分析

屋面雨水是建筑小区场地产生径流的重要源头，宜合理引导其进入地面低影响开发设施进行调蓄、下渗和利用。屋面排水系统分析包括：是否为种植屋面、屋面材质是否对雨水有污染、屋面雨水系统是否独立设置、掌握建筑雨水立管或内排雨水管的布置和管径、梳理雨水管断接可引入周边绿地等低影响开发设施的条件等。此外，南方城市存在阳台洗衣机废水接入雨水立管，造成雨水被污染的现象，需考虑增加该部分内容的分析调查。

（2）地下雨水管网分析

地下雨水管网是小区排水体系主要的组成之一，其作用就是将雨水排出。为了使海绵化改造能有效提高小区雨水管网系统承接雨水的能力，需要进行地下雨水管网分析，包括地下雨水管网的汇水分区、排口、服务面积、流向、坡度、管径、排水末端，是否淤堵、损坏，是否存在混接、断接。

（3）地下污水管网分析

地下污水管网是小区排水体系主要的组成之一，其作用就是将污水排出。为了使海绵化改造能有效解决排污不畅、雨污水混接等现象，需要进行地下污水管网分析，包括地下污水管网的分区、排口、服务面积、流向、坡度、管径、排水末端，是否存在淤堵、损坏、混接。

综上所述，既有居住建筑小区海绵化改造的管网分析，主要包含屋面排水系统分析、地下雨水管网分析、地下污水管网分析 3 个方面。各方面问题诊断方法的具体指导意义和成果见表 2-6。

管网分析一览表　　　　表 2-6

序号	分析方法	指导意义	成果
1	屋面排水系统分析	掌握建筑雨水立管、雨水管分布，为雨水断接引入周边绿地等低影响开发设施提供依据	雨水立管分布图
2	地下雨水管网分析	分析小区雨水管网的汇水分区、服务面积、排口、流向、坡度、管径、排水末端以及是否存在混接、断接	雨水管网分析图
3	地下污水管网分析	分析小区污水管网的分区、排口、服务面积、流向、坡度、管径、接入末端以及是否存在混接、断接	污水管网分析图

2.2 方案策划

对既有建筑小区进行海绵化改造，其核心目标是通过统筹有序的技术路线和因地制宜的技术措施，在对雨水进行源头减排、过程控制、系统治理的同时，改善小区室外环境的宜居性能、提升居民幸福感。

1. 改造需求

既有建筑小区应充分利用现有条件，有针对性地进行改造。依据改造需求的迫切性、改造工程的经济性以及改造产生的安全后果进行研判，将海绵化改造分成应改造、宜改造和不可改造三类。

（1）应改造类

应改造类主要是解决大雨过后产生问题最为突出、对居民基本生活影响最为严重，同时也是居民改造意愿最为强烈的需求。

如小区内的人行道、非机动车道、机动车道、停车场、广场等，若已产生破损、沉降等情况，坑洼的状况造成小区雨天积水的现象，应进行更新改造，并对路面强度和稳定性满足要求的区域进行透水改造。

又如小区内的雨水口，若已发生堵塞情况，造成不能及时排水，导致路面积水、污水反流，应进行雨水口清淤，或将雨水口改造成过水面积较大且可拦截垃圾的雨水口。

（2）宜改造类

宜改造类主要是在条件适宜的情况下，为进一步改善小区雨水环境，满足居民对生活环境的要求，所采取的措施。

如在建筑屋面承重能力允许范围内，且屋面坡度较小时，建筑屋面宜更新改造为具有一定滞蓄雨水功能的绿色屋面，或当建筑高度较低、雨水立管为外接的形式且周边有绿地时，可将雨水立管截断，将雨水经植草沟、卵石沟等消能处理后引入周边绿地内。

又如小区道路周边的绿地处于低势，具备一定的雨水滞蓄条件时，可将路缘石改造为开口，或更换平立缘石，引导雨水汇入绿地中。

（3）不可改造类

不可改造类主要是改造条件不明确或改造条件不适宜，若盲目进行改造，会对居民安全、生态环境造成影响。

如部分小区由于年代久远，已经无法获取原设计图纸，建筑结构荷载不明确，不可对建筑屋面进行绿色化改造，以免造成安全隐患。

又如道路、建筑周边的绿地为微坡地形，在竖向上处于高势，雨水无法通过重力流汇入设施内。或部分绿地内植被丰富，栽有古树、大树等需要保护类植物，若一味地改造，会对生态造成破坏。

2. 改造目标

既有居住建筑小区的海绵化改造应具有可持续性，与不断提高的城镇居民居住环境质量目标相结合，以人为本提升居民舒适度，因地制宜改善雨水环境，统筹建设优化景观品质。

（1）提升居民舒适度

居住建筑小区的室外空间是承载人居生活的重要载体，因此室外环境的舒适度受到关注与重视。良好的室外宜居环境有利于提高居民参与室外活动的意愿，促进居民更多地接触自然、增进邻里交往，有益于心理健康，保障身体健康，同时为住区增添活力。海绵化改造应遵循以人为本的原则，满足居民对室外活动的场地、热舒适等需求，包括优化室外活动场地、改善室外空气质量、调节小区微气候等（图 2-11）。

图 2-11　某小区室外活动场地

（2）改善雨水环境

传统居住建筑小区硬质的屋面、道路、广场占比较大，发生降雨时，主要依靠管渠实现雨水的快速排除，这种模式往往造成小区内逢雨必涝，并导致城市管网超负荷运行。海绵化改造应遵循因地制宜的原则，充分利用场地空间，合理设置绿色雨水基础设施，让自然发力，使水流慢下来，改善小场地应对雨水的"弹性"和"韧性"。城市或区域对小区海绵化改造的规划控制目标主要包括控制径流总量、削减径流污染、缓解径流峰值、利用雨水资源、提升排水能力、防控内涝风险等（图 2-12、图 2-13）。

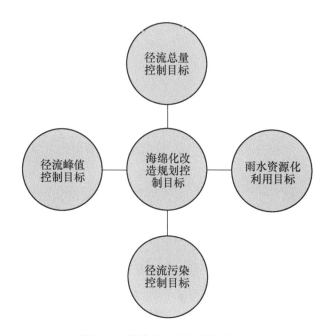

图 2-12　海绵化改造规划控制目标

图 2-13　某小区对路缘石的海绵化改造

（3）优化景观品质

既有居住建筑的海绵化改造是系统性的工作，涵盖了建筑、铺装、绿地、管道等，需要进行统筹设计。许多城市已经开展的工作暴露出的突出问题是碎片化，简单地将海绵解读为单个的设施叠加。海绵化改造应遵循统筹建设的原则，避免孤立化、界限化。而是将海绵与景观进行有机的结合，使二者相互补充，相互依存，相互融合，呈现出具有美感的海绵小区（图 2-14）。

图 2-14 某小区室外景观

3. 技术路径

既有居住建筑小区的海绵化改造，应遵循"绿色优先、灰色优化、对比优选"的原则，并统筹小区内建筑、道路、广场、绿地、水体、管网等要素，构建低影响雨水开发系统。

（1）改造原则

"绿色优先、灰色优化、对比优选"的原则，即首先应根据规划确定的海绵化改造控制目标，结合所处城市年径流总量控制率对应的降雨量、项目场地内下垫面构成等条件，经相关计算得出本项目现状综合雨量径流系数、设计调蓄容积；其次，基于对小区的综合评估，进行低影响开发技术的选择，技术的选择应合理利用场地内的绿地、水体，优先采用生态化的"绿色"措施；然后，对设施进行布局，确定各设施的规模及调蓄容积，当"绿色"措施无法满足要求时，可设置"灰色"措施以达到目标要求，并通过校核计算验证方案的达标性；最后，结合技术经济等分析，确定最优的海绵化改造方案（图 2-15）。

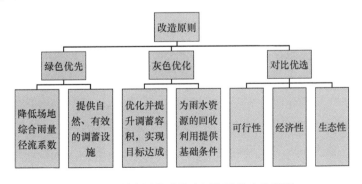

图 2-15 既有居住建筑小区海绵化改造原则

① "绿色优先"可降低场地综合雨量径流系数

如在《建筑与小区雨水控制及利用工程技术规范》GB 50400—2016 中，绿色屋面的雨量径流系数为 0.30~0.40，硬质屋面的雨量径流系数为 0.80~0.90，透水铺装地面的雨量径流系数为 0.29~0.36，混凝土或沥青路面的雨量径流系数为 0.80~0.90。可见，绿色下垫面的雨量径流系数明显低于硬质的下垫面。

根据《海绵城市建设技术指南——低影响开发雨水系统构建（试行）》，设计调蓄容积一般采用容积法进行计算，如式 2-1 所示。

雨水径流控制总量：

$$V = 10H\Psi F \qquad (2\text{-}1)$$

式中　V——设计调蓄容积，m^3；

　　　H——设计降雨量，mm；

　　　Ψ——综合雨量径流系数；

　　　F——汇水面积，ha。

由此可知，绿色下垫面占比越大，现状综合雨量径流系数就越小，最终需设计的调蓄容积越小。

② "绿色优先"可最大限度地实现雨水的自然积存、渗透和净化功能

根据设施的规模大小、蓄水深度，可得出相应的调蓄容积，小区内竖向适宜的下凹式绿地、雨水花园、生态树池、高位花坛、景观水体等设施可通过渗透、蒸发、储存等发挥调蓄雨水的能力。优先利用现状的绿地与水体，可更好地实现雨水的自然积存、自然渗透、自然净化等功能。

如当场地内有景观水体且处于地势的低洼处时，可将其设置为末端调蓄设施，受纳地面雨水径流，承担一定规模的调蓄功能；当景观水体无法消纳地面雨水径流时，也可通过合理断接，受纳部分屋面雨水径流。

③ "灰色优化"可保障改造目标的有效达成

根据《海绵城市建设技术指南——低影响开发雨水系统构建（试行）》，以径流总量控制为目标时，地块内各低影响开发设施的调蓄容积之和，不得低于该地块雨水控制总容积的要求。即当场地内的绿色措施已无法满足目标要求时，可结合设置渗井、雨水桶、雨水调蓄池等灰色措施，保障目标的有效达成。此外，当小区有雨水回用需求的时候，应合理设置调蓄池的规模，为雨水回用提供条件。

④ "对比优选"可强化改造方案的因地制宜

提供多样化的备选方案，通过可行性、经济性、生态性等多方面对比，选择最佳解决方案，为既有居住建筑小区寻求最科学合理的海绵化改造方案。如既有小区内绿地竖向上大大高于周边路面，则不必全部改造为下凹式，可将绿地改造为台地式，最大限度地利用绿地，对雨水进行渗透和调蓄。既可达成海绵化改造目标，又能降低改造成本，技术经济

合理。

（2）改造路径

针对建筑屋面、小区路面的径流雨水，使之通过有组织的汇流和转输，经截污等预处理后引入绿地内的生态设施，让雨水最大限度地自然渗透、自然积存、自然净化。改造全过程路径见图 2-16。

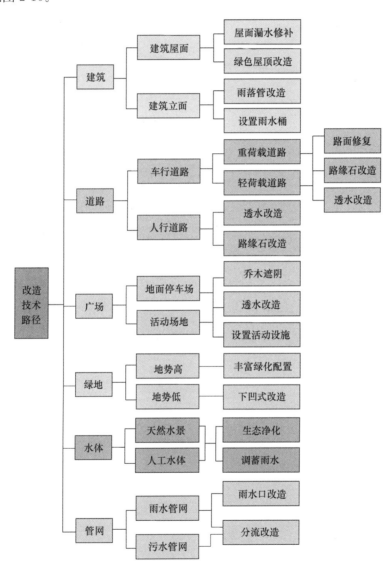

图 2-16 既有居住建筑小区海绵化改造技术路径

第 3 章

可行性分析

3.1 技 术 可 行 性

在既有居住建筑小区海绵化改造过程中，可采用源头削减、中途转输、末端调蓄等多种手段，在满足功能和美观要求的前提下，通过渗、滞、蓄、净、用、排等多种技术，提高小区内径流雨水的渗透、调蓄、净化、利用和排放能力，同时将技术措施与小区景观有机结合，使之实现具有弹性和美感的"海绵"功能。

渗、滞、蓄、净、用、排，六种技术包含若干不同形式的技术设施，适用于既有居住建筑小区的关键技术措施，主要有绿色屋顶、雨水立管断接、高位花坛、生物滞留设施、雨水湿地、透水铺装、植物配置、雨污水管网、初期雨水弃流设施、雨水调蓄池、雨水桶等。每项技术措施可单一应用，也可组合应用，应结合不同区域气候、水文地质、场地条件等特点，按照因地制宜的原则选择适宜的技术措施或措施组合（表3-1）。

技术措施选用一览表 表3-1

序号	措施名称	使用区域					
		建筑	道路	广场	绿地	水体	管网
01	绿色屋顶	●	○	○	○	○	○
02	雨水立管断接	●	○	○	○	○	●
03	下凹式绿地	○	○	○	●	○	○
04	雨水花园	○	○	○	●	○	○
05	生态树池	◎	○	○	●	○	○
06	植被缓冲带	○	○	○	●	○	○
07	植草沟	○	○	○	●	○	○
08	雨水塘	○	○	○	◎	◎	○
09	透水铺装	○	●	●	○	○	○
10	植物配置	◎	○	○	●	◎	○
11	雨水口	○	●	●	●	○	●
12	雨污分流	◎	○	○	○	○	●
13	雨水桶	●	○	○	○	○	○
14	雨水调蓄池	○	○	◎	●	○	○

注：1. ●——宜选用 ◎——可选用 ○——不宜选用；

2. 参考来源：《海绵城市建设技术指南——低影响开发雨水系统构建（试行）》、《城市雨水控制设计手册》。

1. 绿色屋顶

既有建筑屋面的改造是一项很复杂的工程，具体应根据气候条件、屋面荷载、屋顶坡度、防水性能、空间条件、功能要求和养护管理等因素确定。在条件允许范围内，建筑屋面可更新改造为具有一定滞蓄雨水功能的绿色屋面。为安全起见，可改造的种植屋面宜选用容器种植或轻质种植土、地被植物。

屋顶绿色改造的技术可行性分析应包括以下内容：

（1）屋面荷载的确认

需物业或建设单位提供原设计图纸，确定屋面承重能力的允许范围，或进行检测鉴定结构安全性，以鉴定报告为设计依据。

（2）屋面坡度的确认

现场确认建筑为平屋面或坡屋面，如为平屋面，需具有一定的坡度，便于排水；如为坡屋面，坡度应小于 10%，不易滑坡。

（3）空间条件的确认

现场确认屋面的空间利用现状，建筑屋面往往被功能性风机、消防水箱、中央空调冷却塔、电梯机房、太阳能光伏板等设备占用，导致可改造的空间面积有限。

2. 雨水立管断接

雨水立管属于屋面雨水系统的组成之一，按雨水立管的位置可分为外排水系统和内排水系统。外排水的管道均设于室外（连接管有时在室内），内排水的管道均设于室内或仅悬吊管在室内。通过雨水立管的断接可改变屋面雨水径流的途径。无论何种排水方式，屋面雨水收集系统均应独立设置，严禁与建筑生活污水、废水排水连接，避免雨水被污水污染。

雨水立管断接改造的技术可行性分析应包括以下内容：

（1）外排水系统

外排水系统雨水立管改造时，应首先确认雨水立管的材质及完好情况，如已发生破损，应结合雨水立管的更新进行低位断接改造，将屋面雨水断接并引入周边低势的绿地或低影响开发设施中，为防止对绿地造成侵蚀，应设置消能措施。

（2）内排水系统

内排水系统雨水立管改造时，应确认建筑主体是否进行外墙保温、立面等改造，是否需要将排水系统进行彻底更新。可结合建筑外墙保温、立面更新改造，当内排水系统需要彻底更新的情况下，可将内排水系统改造为外排水系统。或在建筑、结构等专业人员的配合下做穿墙套管，将雨水内排管引出墙外进行低位断接。

3. 下凹式绿地

下凹式绿地可广泛应用于既有居住建筑小区的绿地改造，其建设费用和维护费用较低。由于雨水的汇集主要受重力流的影响，因此下凹式绿地的设置受场地竖向条件影响较大，除此以外还受到设施服务范围、土壤入渗能力等因素的影响。

下凹式绿地的技术可行性分析应包括以下内容：

（1）场地竖向条件的确认

现场确认道路、广场等与绿地的竖向关系。当道路、广场等竖向高于周边绿地时，适宜将绿地改造为下凹式绿地；当道路、广场等竖向低于周边绿地时，下凹式绿地的设置需慎重，或采取适当形式，将局部改造为下凹，承接部分雨水。

（2）设施服务范围的确认

根据现场情况判断径流的路线，继而得出下凹式绿地的服务范围，下凹式绿地的面积和深度应按其承接雨水量进行计算，设置的规模应与汇水的服务面积相适应。

（3）土壤入渗能力的确认

土壤的入渗能力关系着下凹式绿地的蓄渗能力和建设成本。当绿地表层土壤入渗能力不足时，需增设渗管/渠、渗井等人工渗透设施促进雨水的下渗，使设施内受纳的雨水在24h内有效排空，防止次生灾害的发生。

4. 生物滞留设施

广义的下凹式绿地包括了生物滞留设施，生物滞留设施的主要作用是通过植物、土壤和微生物对雨水进行净化。根据应用位置的不同分为高位花坛、生态树池、雨水花园、植被缓冲带等。

（1）高位花坛

需借助高差进行设置，如建筑与场地的高差、雨水立管与场地的高差等。设置在建筑周围，将原有直排至排水管网的外排雨水立管进行断接，令雨水经雨水立管断接至高位花坛或经散水散排流入其中。

（2）生态树池

在竖向低势的区域，可对小区内原有种植池进行改造，在保证种植土低于周边地坪的前提下，对种植池进行低位开口，或将种植池池顶处理为与地坪平齐，使雨水通过重力流有效汇入树池中。

（3）雨水花园

在地下水位较低的实土区域或覆土深度较厚的地下室顶板，选取地形低于周围环境的低洼地带进行改造，方便周围雨水径流汇聚。地下水位过高时不适宜雨水下渗，覆土较浅则不能满足雨水花园的构造要求。

（4）植被缓冲带

针对有天然水系或人造湖等水景的既有居住建筑小区，植被缓冲带可设置在水岸的下坡位置，与地表径流方向垂直，狭长且连续的植被缓冲带可有效吸附和拦截地表径流中的污染物质，净化景观水体水质。

5. 植草沟

根据传输方式，植草沟分为渗透型和转输型两种，渗透型又分为干植草沟和湿植草沟，湿植草沟容易产生异味和蚊蝇等卫生问题，不适用于居住区。植草沟的设置主要考虑以下因素：

（1）地形坡度

植草沟的设置应与自然地形充分结合，缓和的纵向坡度（1%～2.5%）可保证雨水径流在植草沟中以重力流的形式畅通排放，过于平坦或陡峭的地形都不利于植草沟的布置。

（2）措施衔接

植草沟往往设置在道路沿线、建筑物的边缘或者停车场的中线，其一，应考虑与其他低影响开发设施相结合，实现径流总量的控制和径流污染的削减；其二，设计应尽量自然化，与周围环境相协调，提高景观效果。

6. 雨水塘

雨水塘具有雨水调蓄和净化功能，适用于具有一定空间条件的建筑与小区，分为干塘（干式延时截留塘）和湿塘（湿式滞留塘），通常设置在小区地势较低处，位于汇水区域的下游，需与小区景观融合，并注重公众的安全问题。

（1）干塘

干塘的主要作用是削减峰值，污染物去除能力较弱。池内有草类覆盖，无永久性水面，对土壤渗透性要求较低，为了保持塘的干燥，需要有较深的地下水位（地下水位与池底距离不小于0.6m）。

（2）湿塘

湿塘的主要作用是削减峰值，净化径流水质，拥有永久性水面，不宜设置于渗透性高的土壤上，为了维持水面，需要地下水位较高；为了降低公众跌入水中的风险，需要设置边坡（坡度不大于4∶1）或人工驳岸。

7. 透水铺装

透水铺装是指雨水通过下垫面透水材料自身的连续孔隙，可直接渗透到土壤或通过透水基层渗入土壤的铺装形式。可采用透水沥青、透水混凝土、透水砖、嵌草砖、散置碎石或采用土壤分隔并连接不透水区块等形式。

（1）功能需求

透水铺装不适用于污染负荷高的区域。如在工业区、传染病医院设置透水铺装，可能将污染负荷通过透水铺装迁移至土壤，使土壤和地下水受到污染。

（2）荷载要求

由于结构、材质等原因，透水铺装的承重、耐久、防滑等性能受到限制，最常用于人行道、广场、停车场及车流量和荷载较小的道路。

（3）地下水位

透水铺装与地下水位之间应有一定的安全防护垂直距离，地下水埋深较小的区域应使用防渗层，同时，高地下水位地区透水铺装设施下渗水存在污染浅层地下水的风险。

（4）气候条件

严寒寒冷地区冬季降雪量大，透水铺装在高纬度、高寒地区存在冻胀破损问题。在设置透水铺装时，应充分考虑其结构特征和伸缩性能，避免结冰膨胀变形。

（5）竖向条件

场地内竖向较为平整或者坡度较为平缓的区域，适宜设置透水铺装。

（6）土壤渗透性能

透水铺装适用于任何渗透性能的土壤。当土壤有充足的入渗能力、满足排水周期的要求时，可设置为完全渗透型透水铺装；当土壤入渗能力不足时，需增设集水管用于排空蓄水区，设置为半渗透型透水铺装；当土壤入渗能力较差时，应避免采用透水铺装，或设集水管用于排空蓄水区，设置为无渗透型透水铺装。

8. 植物配置

低影响开发设施内的植物需同时具备美学观赏功能和雨水生态功能。应根据设施功能、周边环境等条件，合理进行植物的选择和配置。

（1）设施功能

种植的植物应根据水环境条件进行选择，选择耐盐、耐淹、耐污等能力较强的乡土植物。当设置于绿色屋顶时，由于覆土厚度有限，应选择根系较浅、耐高温、耐寒、耐涝、抗风能力强的植物；当设置于下凹式绿地、植草沟等设施内时，应选择叶茎短小、适宜密集种植、抗冲刷能力强的植物；当设置于生物滞留设施等控制径流污染的设施内时，应选取根系较为发达、容易繁殖、生长速度快的植物。

（2）周边环境

低影响开发设施内的植物应充分考虑小区自身环境，结合设施周边的绿地、人行道路、广场等，达到与周边环境高度融合，满足生态、观赏、教育、展示等功能。

选取了华北、华东、华南不同地域的三个典型地区，研究其低影响开发设施常见植物配置，见表3-2～表3-4。

北京市低影响开发设施植物配置一览表　　　　　　　　表 3-2

低影响开发设施	植物分类	植物列表
绿色屋顶	地被植物	簪类、马蔺、石竹类、随意草、铃兰、荚果蕨*、白三叶、小叶扶芳藤、沙地柏、大花秋葵、小菊类、芍药*、鸢尾类、萱草类、五叶地锦、景天类、京 8 号常春藤*、苔尔曼忍冬*
集雨型绿地	乔木	钻天杨、垂柳、旱柳、馒头柳、龙爪柳、水杉、榆槐、山楂、丝绵木、杜梨、栾树、枣、桑树、绒毛白蜡、构树
	灌木	平枝枸子、棣棠、连翘、迎春、紫叶小檗、天日琼花、紫穗槐、红瑞木、水枸子、珍珠梅、大叶黄杨*、小叶黄杨、凤尾丝兰、金叶女贞、红叶小檗、矮紫杉*、连翘、榆叶梅、紫叶矮樱、郁李*、寿星桃、丁香类、月季类、大花绣球*、碧桃类、迎春、紫薇*、金银木、果石榴、紫荆*、海仙花、黄栌、锦带花类、流苏、海州常山、木槿、腊梅*、黄刺玫、猬实、海棠果、柽柳、胡颓子
	湿生植物	水蓼、红蓼、柳叶菜、千屈菜、薄荷、苦荬菜、刺儿菜、泽兰、佛子茅、牛鞭草、荻、狼尾草、莎草、落新妇、芦竹、花叶芦竹、水葱、黄菖蒲、雨久花、水生美人蕉、玉带草、拂子茅、晨光芒、萱草、鸢尾、马蔺、麦冬、高羊茅、结缕草、蛇莓

注：1. 加"*"为屋顶绿化中需在一定小气候条件下栽植的植物；

　　2. 文献参考：《北京市湿地水生植物多样性研究》（陈燕）、《地被植物景观资源及应用前景的研究》（闫晶）；

　　3. 摘自北京《集雨型绿地工程设计规范》DB/T 1436—2017、北京市《屋顶绿化规范》DB11/T 281—2015。

池州市低影响开发设施植物配置一览表　　　　　　　　表 3-3

低影响开发设施	植物分类	植物列表
绿色屋顶	地被植物	白三叶、麦冬、玉簪、葱兰、紫花地丁、紫花苜蓿、鸢尾、沿阶草、红花酢浆草
集雨型绿地	乔木	水杉、池杉、落羽杉、垂柳、乌桕、杨树、合欢
	灌木	杞柳、彩叶杞柳、八角金盘、木芙蓉、柽柳、龟甲冬青、紫穗槐、白蜡
	地被植物	铜钱草、鸭跖草、二月蓝、三白草、香彩雀、车前草、紫露草、麦冬、玉簪、石竹、鸢尾、沿阶草、石菖蒲、红花酢浆草、紫叶酢浆草、宿根福禄考、过路黄
	水生植物	花叶芦竹、再力花、梭鱼草、黄菖蒲、慈姑、水生美人蕉、千屈菜、纸莎草、花蔺、蒲苇、灯心草、水烛、旱伞草、玉蝉花、菖蒲、花菖蒲、雨久花、紫苏草、溪荪鸢尾
雨水塘、雨水湿地	水生植物	千屈菜、黄花鸢尾、花蔺、慈姑、水葱、花叶芦竹、水生美人蕉、再力花、梭鱼草/荇菜、菱角、睡莲/凤眼莲、浮萍/金鱼藻、蒲草、狐尾藻、黑藻、黄菖蒲、溪荪鸢尾、日本鸢尾、旱伞草、纸莎草、紫叶美人蕉、金脉美人蕉、雨久花、水烛、泽泻、荷花、萍蓬草、芡实

注：摘自《安徽省海绵城市规划设计导则——低影响开发雨水系统构建（试行）》。

深圳市低影响开发设施植物配置一览表　　　　　　　　　　表 3-4

低影响开发设施	植物分类	植物列表
绿色屋顶	地被植物	蔓花生、大叶油草、铺地木蓝、沿阶草、玉龙草、佛甲草、细叶美女樱、马尼拉草
集雨型绿地	乔木	水翁、水蒲桃、水石榕、番石榴、白千层、盆架子、串钱柳、榕树类、落羽杉、池杉、海芒果*、海滨猫尾木、水黄皮、黄槿、杨叶肖槿、长柄银叶树、银叶树
	灌木	单叶蔓荆、多枝柽柳、木芙蓉、牛耳枫、龙牙花、车轮梅、夹竹桃*、粉花夹竹桃*、白花夹竹桃*、红花夹竹桃*、黄花夹竹桃*、露兜树、红刺露兜、金边露兜、劲道栌斗、阔苞菊、草海桐、莲叶桐
	草本	李氏天、香根草、芦竹、花叶芦竹、铜钱草、旱伞草、千屈菜、鸢尾、路易斯安纳鸢尾、红莲子草、三白草、水生美人蕉、灯心草、文殊兰、红华文殊兰、芒、红蓼、蛇莓、紫花翠芦莉、海芋、萱草、蜘蛛兰

注：1. 加"*"为有毒品种，应远离人群种植；
　　2. 摘自《光明新区海绵城市规划设计导则（试行)》《深圳市屋顶绿化设计规范》DB 440300/T 37—2009。

9. 雨污分流

我国部分城市污水的乱排偷排、雨污管道错接混接现象较为严重，雨污分流改造是目前城市建设的全国性难题，在改造过程中往往遇到新建管线管位难以落实、分流过程中产生新的混错接等新问题。既有居住建筑小区将合流制系统改建成分流制后，实现雨污分流，可以消除雨污合流溢流排放问题，是降低雨季生活污染负荷的有效办法。

（1）雨水收集回用

雨污分流改造难度较大，通过重新规划雨水的径流途径，采取新建雨水管的形式，将屋面、道路、广场等区域雨水径流进行收集回用，可以达到一定的雨污分流目的。

（2）雨污管道改造

全面实现雨污分流，需对小区内现有系统进行全面梳理，包括纯合流制的单一管路系统、存在混接错接的双管路系统、支管分流制干管合流制的系统，并针对不同的管路系统开展雨污管道改造。

10. 雨水调蓄池

雨水调蓄池具有雨水储存、削减峰值流量的功能，建筑小区主要采用钢筋混凝土蓄水池或塑料蓄水模块拼装式蓄水池，多设置于室外地下，避免占用紧张的地表空间。雨水调蓄池收集的雨水可回用于绿化灌溉、冲洗道路等。

（1）地质条件

雨水调蓄池对地基承载力有一定的要求，应进行地质条件评估，根据容许的地基承载力设置雨水调蓄池，避免产生不均匀沉陷。对于地下水位较高、水池底标高较深的情况，还应进行结构抗浮设计。

（2）设施衔接

雨水调蓄池作为灰色雨水基础设施，应设置在其他雨水基础设施的下游，通过雨水径流和雨水控制利用设施的组织，使雨水先经由绿色雨水基础设施的滞蓄、净化等生态处理，再进入管道、水池，实现先地上后地下、先绿色后灰色的径流途径。

（3）场地空间

既有居住建筑小区的地表空间往往比较紧张，雨水调蓄池的设置需占用部分实土区域地下空间。当设置于硬质铺装地面下时，硬质铺装应为小型机动车停车场、人行广场等轻荷载空间。

（4）雨水回用

雨水调蓄池需在开始降雨时处于排空或未满状态，才能发挥对雨水的储存、削峰作用。当雨水调节池与雨水回用池合用时，应采取有效措施，确保雨季时能腾出调蓄空间。设置排空泵和管道满足 12h 清空调蓄容积的要求；设置水位控制确保雨水回用容积；制订雨季管理制度，在满足雨水调节要求的前提下，最大化地回用雨水。

3.2 经济可行性

随着海绵城市建设逐步成为中国城市建设的一项基本国策和生态基础设施建设的重要组成部分，可持续的海绵城市建设，不仅应遵从生态的理念和自然的法则，而且应以技术经济可行为主轴的建设理念。其工程造价和维护成本，也成为社会公众关注的焦点。

1. 改造建设成本

通过典型工程案例，结合市场实际，并依据《绿色建筑经济指标（征求意见稿)》、《海绵城市技术指南——低影响开发雨水系统构建（试行)》等，分析得出各个单项措施的工艺造价与传统工艺造价的增量成本等参考指标，包括透水铺装、下凹式绿地、生物滞留设施、雨水塘、绿色屋顶、雨水桶、雨水调蓄池、雨水回收利用等方面，具体如表3-5所示。

海绵单项技术措施造价及增量参考指标一览表 表3-5

序号	技术措施	海绵技术工艺		传统技术工艺		单位	造价增量
		主要技术特征	造价	主要技术特征	造价		
01	透水铺装	彩色透水混凝土（120mm厚）	220~260	普通混凝土道路（120mm厚）	160~180	元/m²	60~80
		改性透水沥青（50mm厚）	180~200	普通沥青道路（50mm厚）	160~180	元/m²	20
		陶粒透水砖	280~350	普通砖	140	元/m²	140~210
		砂基透水砖	400~600	普通砖	140	元/m²	260~460
02	下凹式绿地	—	100~300	普通绿化	100~300	元/m²	0
03	生物滞留设施	雨水花园	300~500	普通绿化	100~300	元/m²	200~400
04	植草沟	—	100~300	普通绿化	100~300	元/m²	0
05	雨水塘	湿塘	400~600	—	0	元/m²	400~600
06	绿色屋顶	容器式	240~500	无绿化，普通防水卷材	30~50	元/m²	210~470
		轻型屋面	450~680			元/m²	420~650
07	雨水桶	—	100~500		0	元/套	100~500
08	雨水调蓄池	钢筋混凝土	800~1200		0	元/m³	800~1200
		PP模块式	2000~2500		0	元/m³	2000~2500
09	雨水回收利用	绿化灌溉、道路冲洗	200000~400000		0	元/套（模块蓄水容积<100m³）	200000~400000

数据来源：《绿色建筑经济指标》（征求意见稿)。

2. 运营维护成本

低影响开发设施种类较多，包括渗透设施、储存设施、转输设施、净化设施等；空间布局比较分散，包括屋面、地上以及地下。往往与建筑、景观相结合，需要通过日常的维护、管理尤其是降雨后的检修，保证各类设施在降雨过程中充分发挥作用，工程安全、长久运行，具体如表 3-6 所示。

海绵单项技术措施维护与检查项目一览表　　　　　表 3-6

序号	技术措施	维护和管理	频次
01	透水铺装	① 面层出现破损，及时进行修补或更换	1 次/年
		② 为防止孔隙堵塞，定期清理表面污染物	2 次/年
02	下凹式绿地	① 定期检查溢流口、防冲刷措施，及时清理垃圾和沉淀物	2 次/年
		② 绿化养护、清除杂草	2 次/年
03	生物滞留设施	① 定期检查溢流口、防冲刷措施，及时清理垃圾和沉淀物	2 次/年
		② 绿化养护、清除杂草	2 次/年
04	植草沟	① 定期清理垃圾和沉淀物	2 次/年
		② 绿化养护、清除杂草	2 次/年
05	雨水塘	① 定期清理垃圾、前置塘清淤	2 次/年
		② 绿化养护、清除杂草	2 次/年
06	绿色屋顶	① 屋面出现漏水，及时修复或更换防渗层	随时
		② 定期检查排水系统，及时清理垃圾和沉淀物	2 次/年
		③ 绿化养护、土壤湿度和肥力测定	3 次/年
07	雨水桶	① 出现破损，及时更换受损部件	随时
		② 定期检查通风口、溢流口，清扫沉淀物，清洁桶体	2 次/年
08	雨水调蓄池	① 蓄水池或水箱出现漏损，及时进行修补或更换	随时
		② 定期检查入水口、溢流口、密闭性、警示标识，及时清理垃圾和沉淀物	2 次/年
		③ 池体清洁和消毒	2 次/年
		④水质检测（有回用需求）	2 次/年

文献参考：《建筑与小区雨水控制及利用工程技术规范》GB 50400—2016。

3.3 改造必要性

既有居住建筑小区的基础设施建设整体处于一种相对落后的状态，对其进行海绵化改造是一项复杂的工程。为避免千篇一律的大规模翻建、耗费大量的建设成本，应根据实际情况，针对性地解决小区雨水问题，综合考虑小区居民的需求，并与城市更新相结合，选择改造过程中需采取的措施。

1. 居民需求

既有居住建筑小区的改造项目呈现出一系列问题，如处理统一化、简单化、效果短暂化并且长期依赖于政府、居民无自治等。由于缺少居民的参与，易导致老旧小区改造的成效与居民切身的需求不对接，造成资源浪费、居民不满，使得老旧小区改造成效适得其反。

改造并非简单的工作，而是从里到外、从硬件到软件的全面改造。这种更新改造活动不仅是现代城市高质量发展的一种体现，也是对城市旧住宅区居民的一种关怀。既然是对人的关怀，那么居民对改造的评价就显得特别重要，因为居民是既有居住建筑小区的使用者，是既有居住建筑小区更新改造的受益者，他们最有发言权。

不同的小区，居民的需求不同；同一个小区内，不同居民的需求也会有差异。如果实行统一改造，难免会遇到利益不均，并不利于建立一个和谐健康的社区，也有悖小区改造的初衷。因此，既有居住建筑小区的改造应契合民生需求，设置与居民双向协调与反馈的流程环节，充分掌握小区居民最关心的、存在共性的问题，优先进行改造提升。使居民有效融入改造过程，使小区改造项目更具有个性化。这个过程包含了改造前、改造中和改造后。

改造前，通过发放问卷（见附录 1）、居民座谈、入户走访等方式与居民充分沟通，让居民对改造有所了解，能客观地反映小区雨水环境的问题，有利于找出小区的关键痛点，有针对性地进行海绵化改造，体现居民的意愿。

改造中（图 3-1），充分征询居民意见，了解在改造过程中有哪些方面影响到了居民的日常生活，希望得到何种改善，提出相关建议和对策。可避免在改造过程中激发矛盾，及时调整或优化改造方式，尊重居民的意愿。

改造后，进行居民回访（附录 2），掌握改造后居民的满意度，还存在哪些问题，希望哪些方面得到提升、哪些需求得到补充。为既有居住建筑小区海绵化改造进一步挖掘改造潜力和居民需求，改善小区环境、小区形象及居民生活。

既有居住建筑小区海绵化改造应深入到社会层面，使居民需求与项目意图衔接，在满

图 3-1　某小区改造中展开走访调查

足硬件及生活环境需求的基础上，加深居民生活、文化需求的满足和对社区的归属感、参与感的建立，以期为后续既有居住建筑小区改造项目提出新方法与新路径。

2. 城市更新

进入 21 世纪以来，我国的既有居住建筑小区更新实践在经历了只追求外在美观度的阶段以后，也正朝着注重功能完善和实现可持续发展的方向转变。随着我国存量房时代的到来，既有建筑成为存量房市场的主体，既有居住建筑小区是承载既有建筑的主体，所呈现的问题日益显著，其基础设施及生活环境等问题已经不能适应城市经济发展的需求，更无法满足居民的生活需求。

在科学发展和建设资源节约型、环境友好型社会的背景下，面对数量巨大的 20 世纪 80 至 90 年代建设的旧居住小区的改造问题，相较于拆除重建，通过完善功能、改善环境等更新方式来使其满足现代的居住需求更具有经济优势和社会效益。

目前，我国各个城市都在大力开展既有居住建筑小区的综合整治工作。综合整治主要包括四个方面，一是小区环境综合整治（拆违、绿化、道路、停车、环境整治等）；二是配套基础设施改造（上下水、地下管网改造、供热、缆线入地、光纤入户等）；三是房屋修缮与节能改造（住宅维修、供热计量改造、内外墙保温隔热、门窗节能及遮阳设施安装）；四是老旧小区建筑抗震加固、加装电梯和无障碍坡道改造。

其中，绿化、道路、停车、上下水、地下管网等更新内容与海绵化改造相结合有较高的实施可行性。如采用透水铺装更新坑坑洼洼的路面，解决路面一下雨就积水的问题；增设地面停车位采用透水的植草砖铺装，加强雨水渗透并回补地下水；优化小区绿地并设置为下凹式，促进雨水的下渗和滞蓄；地下雨污水管网更新分流，提升小区排水能力，减轻污水处理负担等。

既有居住建筑小区综合整治是解决城市发展不平衡不充分，实现人民群众对美好生活向往的重要举措。以人民的幸福感和获得感为核心，充分运用"共同缔造"的理念，坚持因地制宜，精准施策，将综合整治与海绵化改造决策共谋、发展共建、建设共管、效果共评、成果共享，实现环境效益、社会效益、经济效益的共赢（图3-2）。

图 3-2　某小区将综合整治与海绵城市相结合进行改造

第4章

适宜性技术

　　既有居住建筑小区的下垫面构成主要为建筑屋面、道路广场、绿地、水体等。传统的建设模式，处处是硬化的屋面、道路和停车场，每逢大雨，主要依靠管渠以达到雨水的快速排除。进行海绵化改造是对传统排水的一种"减负"和补充，目的是将雨水"慢排缓释"。贯彻源头控制的理念，统筹地上地下，并充分利用自然地形，在合理的竖向下，构建蓝、绿、灰措施相结合的低影响雨水系统。解决雨水直排、削减径流总量和径流污染负荷、促进雨水资源化利用、保护和改善生态环境（图4-1）。

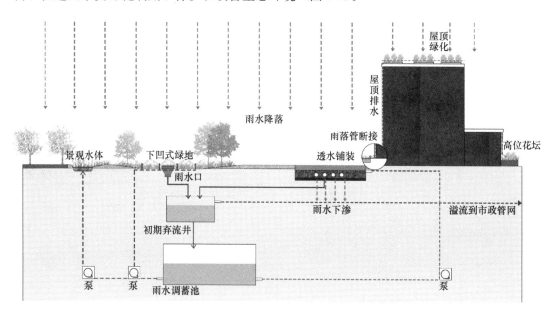

图4-1　既有居住建筑小区适宜性技术措施系统构建示意图

4.1　蓝　色　措　施

蓝色措施为低影响开发设施的组成部分，主要是指既有居住建筑小区内的水系、湿地、人工水景等景观水体（表 4-1）。

蓝色措施比选一览表

表 4-1

序号	措施名称	径流总量控制效果	TSS去除效果	雨水资源化利用效果	建设成本	公众接受度	景观效果
01	天然水系	◎	—	—	○	●	●
02	湿地	●	◎	○	●	○	●
03	人工水景	●	●	○	●	◎	●

注：1. ●——高 ◎——中 ○——低或很小 ——视情况而定；
　　2. 文献参考：《城市降雨径流污染控制技术》《海绵城市概要》。

对进入景观水体的雨水应采取生态水处理措施，将屋面和道路雨水断接进入绿地，经绿地、植草沟等处理后再进入景观水体，充分利用植物和土壤渗滤作用削减径流污染，在雨水进入景观水体之前还可设置前置塘、植物缓冲带等生态处理设施。

景观水体可以为水生动植物提供栖息条件，向水体投放水生动植物（尽可能采用本地物种，避免物种入侵），通过水生动植物对水体进行净化，保障水质。同时应做到水资源的循环利用。当生态水处理技术无法达到水质要求时，可采取过滤、循环、净化、充氧等其他辅助手段对水体进行净化，保障水体水质安全。

1. 天然水系

应根据水系的功能定位、水体水质等级与达标率、保护或改善水质的制约因素与有利条件、水系利用现状及存在问题等因素，合理确定改造方案。

（1）有条件的天然水系，其岸线应设计为生态驳岸。生态驳岸根据功能及结构形式可分为：生态型台阶驳岸、生态型人工草坡驳岸、生态型亲水驳岸和生态型自然驳岸。应从河道尺度、水系功能、水动力条件、空间位置与占地、地形地质条件、工程投资、环境影响与景观要求、运行条件等方面，结合工程现状，通过综合方案比选，选定水系的生态驳岸形式。

（2）地表径流雨水进入天然水系前，应利用植被缓冲带、前置塘等对径流雨水进行预处理，并根据水系的调蓄水位变化选择适宜的水生及湿生植物。

2. 雨水塘

雨水塘可结合绿地、开放空间等场地条件设计为多功能调蓄水体，即平时发挥正常的景观及休闲、娱乐功能，暴雨时发挥调蓄功能，实现土地资源的多功能利用。

（1）雨水塘的调蓄水深一般不宜大于 1.5m，湿塘边坡不应大于 1∶4，出水口应确保调蓄的雨水在 48h 内排出。

（2）湿塘的近岸应设置植物带，雨水入口应设置消能设施，有效减小水流的冲蚀，拦截沿坡冲下来的颗粒态污染物，周边应设置安全防护设施，防止人员跌落。

（3）应依据雨水塘的功能、土壤渗透性能、地下水位情况、进水端流量等，设置防渗、消能、预处理等措施。

3. 人工水景

人工水景应设在场地的低洼处，应优先利用场地的雨水资源进行补水，场地雨水应能重力自流进入，不足的部分由其他非传统水源进行补充。当场地绿色雨水基础设施的雨水滞蓄容积不足时，人工水景宜具有雨水调蓄功能，其规模根据所在地区降雨规律、雨水蒸发量、回用量等，通过全年水量平衡分析确定。

人工水景通常是一个基本封闭的系统，可设计生态池底和生态驳岸，营造有利于水生动植物生长的条件，投放水生动植物，强化水体的自净能力。当人工水景的水体自净能力不足以维持水体水质达标时，还应采取人工水质处理措施，保证水体的清洁及美观效果（图 4-2、图 4-3）。

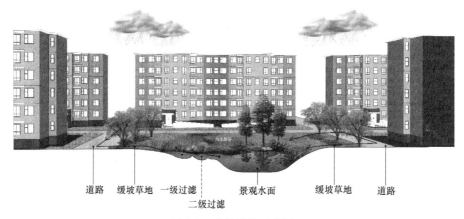

道路　缓坡草地　一级过滤　　景观水面　　缓坡草地　　道路
二级过滤

图 4-2　蓝色措施示意图

图 4-3　建筑小区水景实景图

4.2 绿 色 措 施

绿色措施是低影响开发设施的重要组成，主要是指利用小区内的绿地、建筑屋面、铺装路面等设置生态设施（表 4-2）。

绿色措施比选一览表

表 4-2

序号	措施名称	径流总量控制效果	径流污染去除效果	雨水资源化利用效果	建设成本	公众接受度	景观效果
01	绿色屋顶	●	◎	○	●	◎	●
02	下凹式绿地	◎	●	○	○	●	◎
03	雨水花园	●	●	○	◎	●	●
04	生态树池	●	●	○	●	●	●
05	植被缓冲带	○	●	○	○	○	●
06	植草沟	◎	●	○	○	●	●
07	透水铺装	◎	◎	○	◎	●	◎

注：1. ●——高 ◎——中 ○——低或很小；

2. 文献参考：《城市降雨径流污染控制技术》《海绵城市概要》。

1. 绿色屋顶

绿色屋顶不仅能有效吸收和净化雨水，控制径流总量和污染，而且能吸收太阳辐射热量，缓解城市热岛效应，同时通过对居民开放，增加公共活动空间，也可吸引鸟类以及昆虫，保护和提高生物多样性。

既有建筑屋面改造为绿色屋顶应包括：计算屋面结构荷载、确定屋面结构层次、绝热层设计、防水层设计、保护层设计、种植设计、灌溉给排水系统设计、电气照明设计等。在建筑高度、屋面荷载、坡度、风荷载、光照、功能要求、养护管理等因素适宜的条件下，可将既有建筑屋面改造为简单式覆土种植屋面和容器式种植屋面。

绿色屋顶雨水斗宜设置在屋面结构板上，斗上方设置带雨水算子的雨水口，并应有防止种植土进入雨水斗的措施，且屋面应采用对雨水无污染或污染较小的材料。大面积种植屋面应采用微喷灌、滴灌等节水灌溉，小面积种植屋面可设取水点进行人工灌溉。

（1）简单式覆土种植屋面

简单式覆土种植屋面种植土厚度应≥100mm，通常不大于300mm。有檐沟的屋面应砌筑种植土挡墙，挡墙应高出种植土50mm，并设置排水孔，卵石缓冲带，挡墙距离檐沟边沿≥300mm（图4-4、图4-5）。

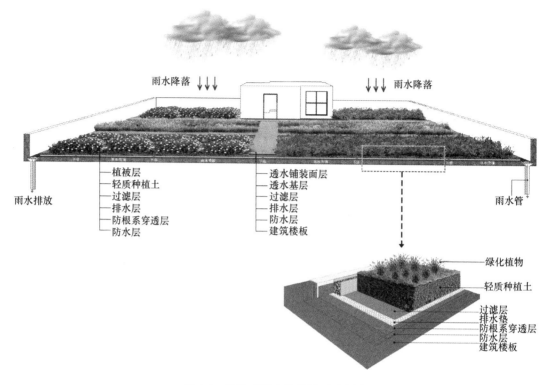

图 4-4　简单式覆土种植屋面示意图

图 4-5　简单式覆土种植屋面实景图

（2）容器式种植屋面

容器种植的土层应≥100mm，以满足植物生存的营养需求。种植容器应轻便，易搬移，便于组装和维护，且在下方设置保护层（图 4-6、图 4-7）。

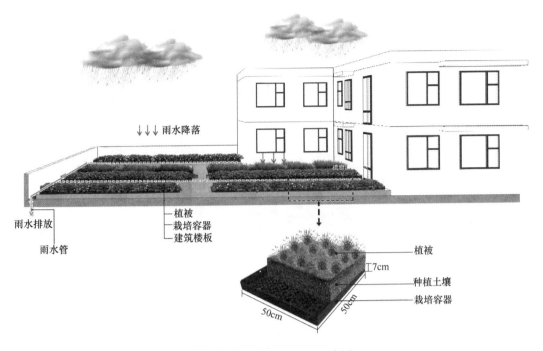

图 4-6　容器式种植屋面示意图

图 4-7　容器式种植屋面实景图

2. 下凹式绿地

应结合场地竖向、地下水位、土壤渗透性、土壤类型、建筑基础等情况，合理设置下凹式绿地。绿地竖向上应低于周围路面 100～200mm，使绿地等地面生态设施可有效收集周边绿地、广场、道路等通过重力汇入的雨水（图 4-8、图 4-9）。

（1）深度要求

绿地的深度设置应根据土壤的渗透性、汇水面积负荷等确定，一般为 100～200mm。

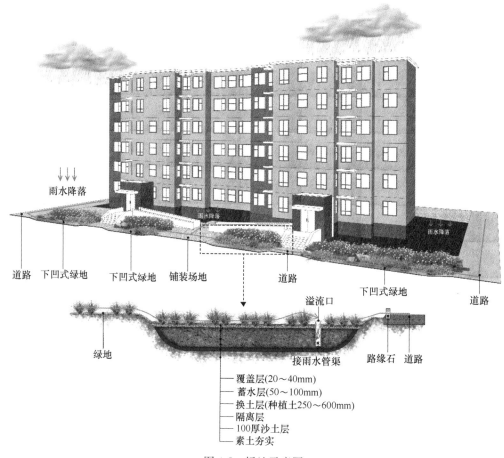

图 4-8　绿地示意图

图 4-9　绿地实景图

（2）溢流雨水口设置

绿地应设置溢流雨水口，溢流雨水口应设置在绿地的地势最低处，且顶部高于绿地
≥50mm，低于周围路面≥50mm。同时，在其有效服务范围内应取消道路雨水口，使雨水
优先汇入绿地内。

3. 生物滞留设施

生物滞留设施根据设置的位置可被称为雨水花园、高位花坛、生态树池等（图 4-10）。

图 4-10 生态树池、雨水花园、高位花坛示意图

（1）生态树池

生态树池能有效处理路面的初期雨水，占地面积较小，应用灵活性强，也可结合既有居住建筑小区内原有种植池进行设置（图 4-11）。

生态树池的进水方式可为顶部进水或侧壁进水。当采用顶部进水时，树池顶宜与周边路面相平或低于周边路面 10~20mm。

（2）雨水花园

雨水花园可截留和过滤强度较小的降雨产生的径流，发生强度较大的降雨时，可短时间存储雨水。雨水花园自上而下为蓄水层、覆盖层、种植层和砾石层（内有渗排管）（图 4-12）。

图 4-11　生态树池实景图

图 4-12　雨水花园实景图

蓄水层的作用是收集径流雨水，并在径流量大时暂时储存雨水。其深度由溢流管控制，应充分考虑植物的耐淹程度和土壤渗透性能；覆盖层的作用是防止雨水径流对种植层的直接冲刷，减少水土流失，并截留吸附部分污染物；种植层除了为植物生长提供必要的营养物质外，还具有过滤径流雨水的作用。径流污染较为严重的小区，应及时更换种植层，避免沉积物负荷过大，导致对新发生的降雨无法及时排空和有效净化；砾石层起到排水作用，可在其底部埋置管径为 100～150mm 的穿孔排水管。为提高生物滞留设施的调蓄作用，在穿孔管底部可增设一定厚度的砾石调蓄层。

雨水花园内应设置溢流设施，可采用溢流管、雨水口等，溢流设施顶一般低于汇水面 100mm。

（3）高位花坛

建筑小区内设置高位花坛主要用于收集处理屋顶雨水、雨水就地净化和利用，并兼具美化环境的功能。高位花坛是使雨水从高位进水口进入，在势能差的作用下，经过土壤渗滤系统，对雨水实现截留和净化，最终从低位出水口流出（图 4-13）。

图 4-13　高位花坛实景图
图片来源：北京雨人润科生态技术有限责任公司　杨正。

4. 植草沟

　　植草沟可收集、输送和排放径流雨水，并具有一定的雨水净化作用，适用于建筑与小区内道路、广场、停车场等不透水地面的周边，在场地竖向允许且不影响安全的情况下，可用于衔接其他各单项设施，也可代替雨水管渠。

　　植草沟占地较小，易与景观相结合，布置应和周围环境相协调。植草沟的边坡坡度不宜大于 1∶3，纵坡不宜大于 4％，大于 4％时，宜设置为阶梯形植草沟或在其横断面设置卵石（或碎石）节制堰或消能挡板，以延缓流速。为避免雨水径流对植草沟形成冲刷，当大量雨水径流通过管道进入植草沟时，宜在进口处设置卵石等消能设施（图 4-14、图 4-15）。

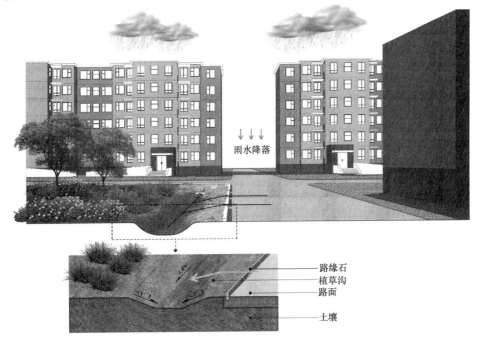

图 4-14　植草沟示意图

图 4-15　植草沟实景图

5. 透水铺装

透水铺装主要适用于广场、停车场、人行道以及车流量和荷载较小的道路。根据材料、荷载等级，主要分为透水砖、透水混凝土、透水沥青混凝土、嵌草砖、散置卵（砾）石等。透水铺装不仅面层材料需要达到透水系数要求，构造做法也应达到透水要求。此外，透水铺装材料应达到防滑、抗冻、耐磨等相关要求，条件允许的情况下宜设置为浅色，提高太阳辐射反射系数，缓解热岛效应（图 4-16～图 4-23）。

透水铺装的设置应充分考虑地下水位、地下室开发、盐碱地、土壤渗透性能、寒冷地区冻融等相关因素，采取防渗、疏排水、排盐减盐、防冻融等措施。

（1）地下水位高：通过设置防渗膜、防渗土工布，防止地下水反渗；

（2）地下室开发：设置于地下室顶板上的透水铺装，应设置排水层，进行疏排水；

（3）土壤渗透性能差：通过土壤换填、设置渗排管等，对渗透性能较差的土壤进行疏排水；

（4）盐碱性土壤：通过铺设排盐管、种植抗盐碱植物排盐减盐，避免铺装材料被腐蚀、土壤返盐损伤植物；

（5）严寒寒冷冻融：通过水平设置变形缝，垂直方向增设排水带，并增加透水结构层厚度，避免透水铺装下的冻土层有水滞留，提高抗冻融性能。

6. 路缘石导水

路缘石是指设在路面边缘的界石，简称缘石，是设置在路面边缘与其他构造带分界的条石。路缘石可以分为立缘石和平缘石。在传统的设计中，人行道、广场与绿化带之间往往设置立缘石，阻隔雨水进入绿地的通道。

将路缘石改造为平缘石或将路缘石开孔，可打开雨水径流进入绿地的通道，使地面生态设施（下凹式绿地、雨水花园等）有效收集周边道路、广场的径流雨水，同时方便绿地内和绿化带内的树木花草吸收水分（图 4-24、图 4-25）。

雨水降落

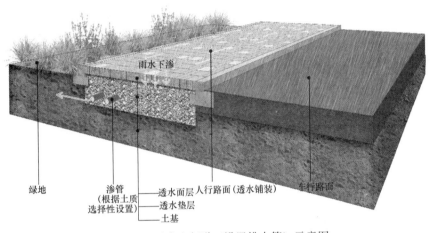

雨水下渗

绿地　　　渗管　　　透水面层人行路面(透水铺装)　　车行路面
　　　　（根据土质　透水垫层
　　　　选择性设置）　土基

图 4-16　透水人行道（设置排水管）示意图

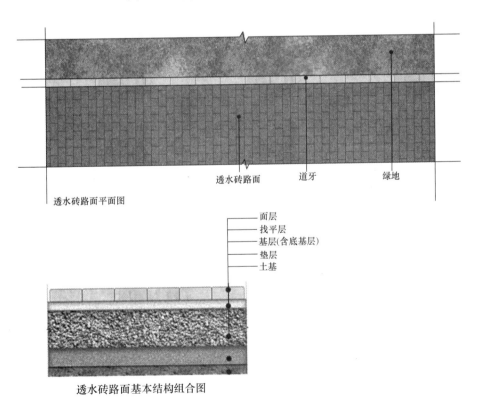

透水砖路面　道牙　绿地

透水砖路面平面图

面层
找平层
基层(含底基层)
垫层
土基

透水砖路面基本结构组合图

图 4-17　透水砖人行道铺装做法示意图

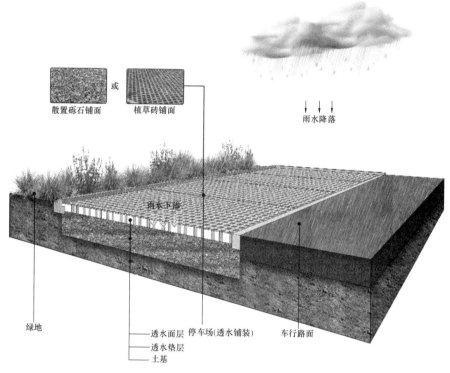

散置砾石铺面　或　植草砖铺面

雨水降落

雨水下渗

绿地

透水面层
透水垫层
土基

停车场(透水铺装)

车行路面

图 4-18　嵌草砖停车位示意图

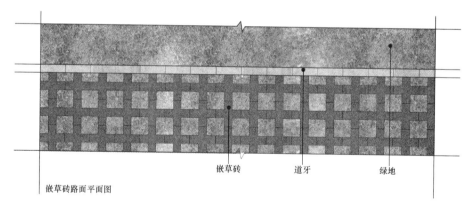

嵌草砖　道牙　绿地

嵌草砖路面平面图

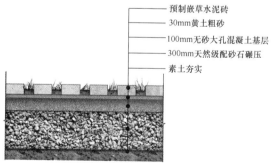

预制嵌草水泥砖
30mm黄土粗砂
100mm无砂大孔混凝土基层
300mm天然级配砂石碾压
素土夯实

嵌草砖路面结构剖面图

图 4-19　嵌草砖停车位铺装做法示意图

图 4-20　透水砖铺装实景图

图 4-21　嵌草砖停车场实景图

图 4-22　散置砾石庭院实景图

图 4-23　透水沥青道路实景图

图 4-24　路缘石开口实景图

图 4-25　平缘石实景图

4.3 灰 色 措 施

灰色措施主要是指传统的雨水排除设施，包括屋面雨水管、雨水桶、雨水调蓄池、雨水口、雨水管道等。

灰色措施比选一览表 　　　　　　　　　表 4-3

序号	措施名称	径流总量控制效果	TSS 去除效果	雨水资源化利用效果	建设成本	公众接受度	景观效果
01	屋面雨水管断接	○	○	○	○	◎	◎
02	雨水桶	◎	○	●	○	◎	◎
03	雨水调蓄池	●	●	●	●	◎	
04	截污型雨水口	—	◎	—	◎	●	◎
05	雨污分流	●	●	●	●	—	—

注：1. ●——高 ◎——中 ○——低或很小；

　　2. 数据来源：《城市降雨径流污染控制技术》《海绵城市概要》。

1. 屋面雨水管断接

屋面雨水管的断接改造涉及建筑设施的改造，应综合考虑多方面因素，屋面断接还应与后续相关设施建立良好的关系，将灰色措施与蓝色、绿色措施有效衔接（图 4-26～图 4-28）。

（1）建筑外排水断接

通过将雨水立管低位切断后，将建筑屋面的雨水接入雨水桶、周围绿地或地面生态设施内。

（2）建筑内排水断接

应在建筑、结构等专业人员的配合下做穿墙套管，将雨水内排管引出墙外进行低位断接。

当断接的雨水排入周边绿地或地面生态设施时，断接处应与墙体保持大于 0.6m 的安全距离，同时绿地或地面生态设施内的植物应选用耐淹的本地乡土植物。

当高层建筑进行雨水立管断接时，雨水汇入绿地前应设置布水消能措施，防止雨水冲刷对绿地造成侵蚀。

既有居住建筑小区海绵化改造关键技术指南

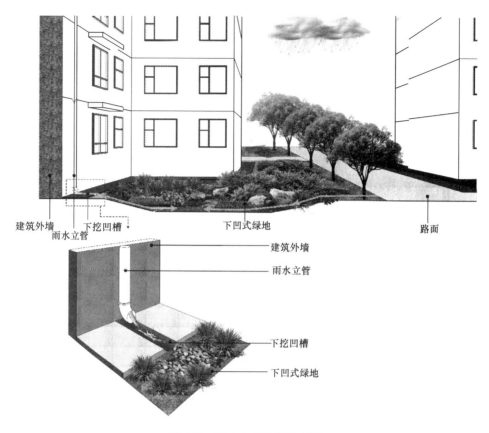

图 4-26　雨水立管断接示意图

图 4-27　雨水内排立管断接示意图

图 4-28　雨水外排立管断接示意图

2. 雨水桶

在雨水较为充沛的城市，对于建筑层高较低、硬质屋面面积较大的建筑，且建筑周边缺乏绿地、绿地的土壤渗透系数较差、周边竖向条件不利于屋面雨水直接排放等情况下，宜在建筑雨水立管末端设置雨水桶，对雨水进行收集利用（图 4-29、图 4-30）。

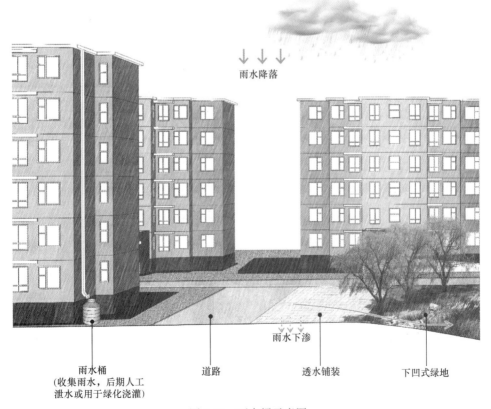

图 4-29　雨水桶示意图

图 4-30　雨水桶实景图

3. 雨水调蓄池

雨水调蓄池在工程上的用途主要为洪峰流量调节、面源污染控制和雨水利用。即降雨过程中，暂时存储雨水，调节排水管道径流最高时段的流量，削减洪峰流量，提高排水管网的重现期，等降雨结束后，沉淀并去除部分污染物，用于绿化灌溉、水景补水、道路浇洒、清洗车辆等非饮用水用途（图 4-31）。

图 4-31　雨水调蓄池示意图

（1）针对院落式住宅、别墅等分散式单体建筑，可为一户一宅独立设置小型雨水调蓄池，就地对屋面、庭院等雨水进行收集回用。

（2）对于占地面积较大的既有居住建筑小区，容积率较高，建筑为多层、小高层、高层等形式的小区，宜设置大型雨水调蓄池，对小区雨水进行集中式收集和利用。

雨水调蓄池应优先设置于小区室外地下，可节省占地，不影响小区场地原有的使用功能。由钢筋混凝土、PP 模块等材料制造，雨水管渠易接入、储存水量大。其设置的位置与场地竖向、地上功能、汇水分区、地下管网等条件密切相关；容积应根据降雨条件、雨水收集量及回用量等综合考虑，并依据雨水回用用途配建相应的雨水净化设施。

4. 雨水口

雨水口是管道排水系统收集地表水的设施，由进水算、井身及支管等组成。既是小区排水系统的咽喉，也是非点源污染进入水环境的重要通道。既有居住建筑小区雨水口往往因为陈年的积累，被垃圾充塞，导致排水不畅，继而引发内涝积水等雨水问题。雨水口改造具有提升泄水能力、净化雨水水质、降低管道污染负荷、有效减少雨水后续处理成本等作用。适用于既有居住建筑小区海绵化改造的技术主要有三种形式，包括传统雨水口中增加截污装置或更换一体化截污型雨水口、立式雨水口以及溢流式雨水口。

（1）截污型雨水口

截污型雨水口主要由雨水算子、截污篮、雨水口主体构成。通过在雨水口设置截污篮，可截获垃圾、碎屑、大颗粒沉淀物、植物和其他大体积污染物。安装在地下排水系统内，不会影响景观美感和居民生活（图4-32）。

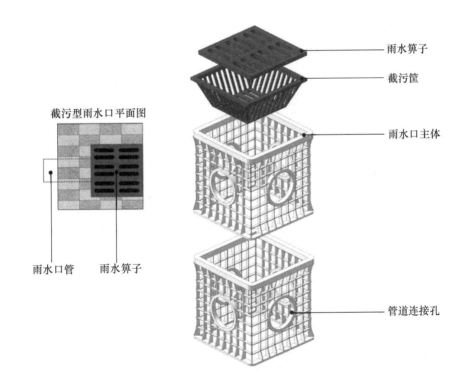

图 4-32　截污型雨水口示意图

（2）立式雨水口

立式雨水口设置在路缘石的侧面，与路面下的集水器相连，避免沉积物堵塞雨水口，能够快速收集并排放雨水，而且不破坏铺装的连续性，满足了景观品质的要求(图4-33、图4-34)。

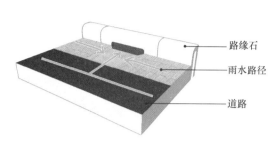

图 4-33　立式雨水口示意图

图 4-34　立式雨水口实景图

图片来源：北京雨人润科生态技术有限责任公司　杨正

（3）溢流式雨水口

图 4-35　溢流式雨水口实景图

相较于传统雨水口，溢流式雨水口由一个出水口变为两个出水口组成，即溢流口（雨水排放出水口）和渗透出水口。当雨水汇入溢流式雨水口时，先从渗透出水口流出，直到水位达到溢流水位时，才从溢流口流出，先渗透后排放。

溢流式雨水口高程应高于生态设施的高程，且低于周边路面高程，超过蓄渗能力的雨水通过溢流口排入雨水管道。溢流口的数量和布置，应按汇水面积所产生的流量确定。溢流雨水口周边应设置卵石缓冲堆，以减少泥沙进入雨水管网系统，并且其 1m 范围内宜种植耐旱耐涝的草皮（图 4-35）。

5. 雨污分流

雨污分流改造难度较大，应基于小区现状问题和特点，与雨水的源头减排和控制相结合，通过科学的方式，实现有效的雨污分流效果。

（1）对于占地面积较小的既有居住建筑小区，可采用"雨水地表、污水地下"的雨水分流改造方式，采用植草沟、地表线性排水沟代替传统雨水管线收集地面雨水，雨水立管排入高位花坛、下凹式绿地或线性排水沟等方式可有效解决管道位置难以落实、路面开挖工程量大、对居民生活影响持续时间长等问题。

（2）对于占地面积较大的既有居住建筑小区，地表的排水能力无法满足排水需求，需考虑新建地下管线，可采用"合流管道保留为污水管、新建雨水收集系统"的方式，可降低路面工程开挖量，减少开挖对绿地的破坏和对其他管线的影响，降低工程量，提高可操作性（图 4-36）。

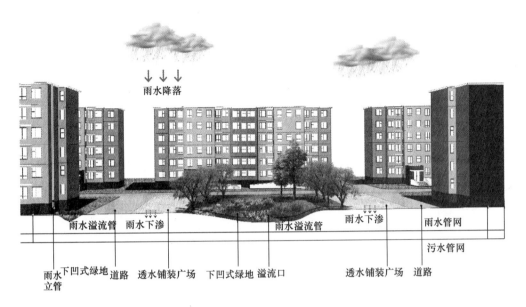

雨水降落

雨水溢流管　雨水下渗　　雨水溢流管　　雨水下渗　　雨水管网

污水管网

雨水　下凹式绿地　道路　透水铺装广场　下凹式绿地　溢流口　　透水铺装广场　道路
立管

图 4-36　雨污分流-新建雨水管道示意图

第 5 章

工程案例

5.1 案例1 白城阳光A海绵街区

项目名称：白城市老城区阳光A海绵街区改造工程

建设单位：白城市红日路桥建设有限公司

设计单位：江苏山水环境建设集团股份有限公司

运维单位：白城市经开区城管执法局

技术支撑单位：北京建筑大学

案例供稿：王文亮

1. 工程概况

白城市位于吉林省西北部，为沙丘覆盖的冲积平原，水资源短缺，属北方寒冷缺水地区，于2015年成为我国首批海绵试点城市之一。白城市属中温带半干旱季风气候区，冬季漫长寒冷，夏季短暂凉爽且天气变化无常，春季多风，秋季多雾。对白城站1983～2012年实测降雨量资料显示，白城市多年平均降雨量410mm，年均蒸发量1678mm，6月至9月累计降雨量占全年降雨量的83%。

阳光A海绵街区改造项目位于白城市经开区，中兴路以南，文化西路以北，光明街以东，幸福街以西（图5-1）。该片区原有5个老旧小区，分别为阳光A小区、住房公积金小区、中行小区、财政小区、广电小区，占地面积约9.2ha，建筑面积约3.4ha，绿地面积约1ha。项目改造以民生环境提升为需求，结合海绵城市建设理念，最大限度减少雨水外排，突出源头滞渗，并且小区进行"拆墙透绿、打通城市微循环"改造工作，拆除5个小区围墙及栅栏，形成连片海绵街区，5个小区改造总投资为617.52万元。

图5-1　阳关A片区区位图

阳光 A 片区下垫面包括建筑屋面、小区道路、硬质铺装、绿地等。下垫面类型统计如表 5-1 所示。

下垫面类型统计表　　　　　　　　　　　　　　表 5-1

小区名称	项目总面积 （m²）	建筑面积 （m²）	沥青路面 （m²）	铺装面积 （m²）	绿化面积 （m²）	生态停车场 （m²）
阳光 A	33122	12972	6953	4995	4285	1765
中行	8021	2601	2833	626	1073	538
住房公积金	4976	2483	704	1117	205	429
广电	15709	6329	4141	2282	1853	643
财政	28643	9944	2015	12319	1821	2227

2. 存在问题

阳光 A 片区采用开放式管理，有出入口与市政道路相连，内部为双向车道，消防通道畅通，无人行道与无障碍体系，通行方式为人车混行。停车位全部为地上，地下空间未进行开发。小区原有道路、铺装及绿化破损严重。小区内现状无雨水管，整体地势平坦，地形中间高、四周低，地表竖向条件有利于在极端暴雨条件下，雨水径流以地表漫流形式外排（图 5-2）。主要的问题和需求为：

（1）小区内无雨水管网，地下污水管网老旧，堵塞严重，地表破损严重，排水不畅导致积水，下雨时居民出行不利；

（2）原绿地稍高于地面，绿地未充分发挥雨水渗、滞、蓄功能；

（3）建筑布局紧凑，基础设施薄弱，布局合理性较差，小区现状铺装破损严重，绿化景观效果差，居民民生环境差；

（4）小区基础设施建设不够完善，楼道内外无照明设施，影响居民出行；

（5）私搭乱建现象突出，墙体各类小广告较多，小区环境可谓脏、乱、差。

图 5-2　片区竖向图

3. 改造方法

阳光 A 片区作为海绵城市建设和老城区综合提升改造工程之一，小区民生环境提升已成为重大需求，同时结合"拆墙透绿，打通城市微循环"改造工作，形成连片海绵街区，不仅美化小区的"面子"，而且筑实小区的"里子"，综合提升小区居民幸福感。

（1）改造原则

本项目设计以问题和需求为导向，在规划目标指导下，遵循系统性、因地制宜、经济性和创新性等原则进行设计。

① 系统性。根据项目面临的重大问题，进行系统化设计，综合实现雨水源头削减、净化、资源化利用以及不同重现期雨水的安全排放等多重目标。

② 因地制宜。根据项目条件，合理选用适宜的各类雨水设施，并根据需求进行结构优化，选择适宜本地气候特征的植物种类进行配置，合理利用地形特点和管网条件，充分发挥 LID、管网等不同设施的功能。

③ 经济性。根据本项目小区的定位和特点，优先选用低建设成本、便于运营维护的措施，合理控制工程投资和造价。

④ 创新性。对选用的各类雨水设施进行结构、功能以及布局形式的创新与优化，使各类雨水设施适应本地气候和水文地质特征，降低建设和后期运营维护难度。

（2）改造目标

片区位于南干渠排水分区上游，根据《白城市海绵城市专项规划》，老城区年径流总量控制率为80%，本着连片治理、整体达标、最大程度技术可行性的原则，最大限度地减少雨水外排，突出源头滞渗，结合流域整体情况及片区自身可实施性，最终确定片区的年径流总量控制率为80%；通过径流体积减排，片区年 SS 总量削减率不低于50%。

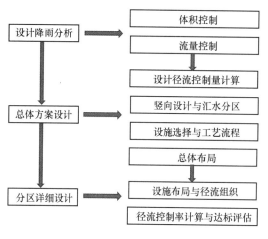

图 5-3 设计流程图

项目结合破损路面修复铺设透水铺装，结合植被覆盖率提高建设生物滞留设施，提升绿化品质，达到"小区变花园、老城变新城"的目标。

（3）设计流程

项目首先对设计降雨条件等进行分析，再展开总体方案设计和分区详细设计，设计流程如图5-3所示。

（4）设计调蓄容积计算

根据片区用地类型和规模，参照《海绵城市建设技术指南——低影响开发雨水系统构建（试行）》中各种下垫面雨量径流系数参考值，结合项目自身特征，采用加权平均方法计算小区雨量综合径流系数为 0.65，小区设计调蓄容积须不小于 1424.9m³。

（5）竖向设计与汇水分区

为了保证设计的各类雨水设施高效发挥雨水控制作用，根据小区用地条件、场地地形竖向条件，将片区整个地块划分为 23 个子汇水分区，以各汇水分区及其规模为基础对每一个子汇水分区进行设计控制容积计算（图 5-4）。

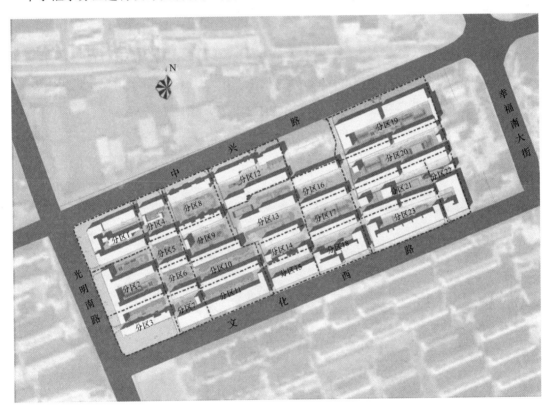

图 5-4　阳光 A 片区汇水分区分布图

（6）设施选择与工艺流程

结合项目需求，为更好地突出源头滞渗，解决局部积水问题，提升民生环境，结合土壤渗透性能，优先选择以渗透为主的技术，如雨水花园＋渗井等，根据汇水情况，通过集中与分散相结合的布置方式对雨水进行汇集。针对不透水铺装面积大、局部路面破损等问题，对破损路面进行恢复，严格把控竖向、坡向雨水设施。

由于场地纵向坡度大，雨水流速快，对屋面和道路汇集的雨水通过线性排水沟进行截流，有效地将雨水引入绿地中的调蓄设施。

因小区无雨水管网，超出设计降雨量的雨水径流通过地表漫流的形式排出小区，进入市政雨水管网（图 5-5）。

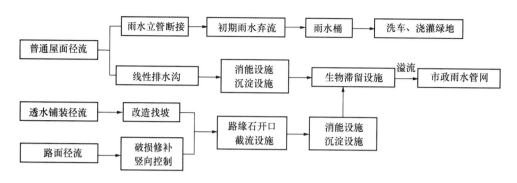

图 5-5　阳光 A 片区海绵城市方案技术流程图

（7）工程布局

根据片区各汇水分区计算所需控制容积和各汇水分区下垫面分布情况，进行 LID 设施合理布置。片区内小区屋顶、道路、硬化铺装等下垫面径流通过线性排水沟、雨水花园及渗井等 LID 设施进行渗、滞、蓄、净，超出容纳能力的雨水进入市政管网（图 5-6）。

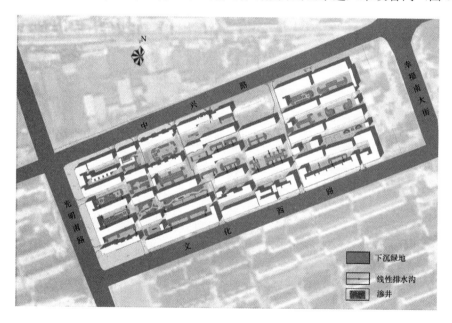

图 5-6　阳光 A 片区雨水设施布置图

（8）典型设施节点设计

① 雨水花园＋渗井

白城市海绵城市建设紧抓源头减排，突出源头雨水生态滞渗，联合科研单位，借鉴国内外经验及当地早年间在古宅内做渗井的经验，推行源头"雨水花园＋渗井"技术做法，重在解决下凹式绿地、雨水花园等海绵设施无法消纳或在短时间内无法快速下渗的雨水径流。具体做法是在传统的渗井基础上，通过在渗井上层不透水范围安置安全牢固的过滤网兜，填充碎石或卵石，增加渗井上层不透水层的透水性，且易于日常清理维护。下层透水层填充碳渣、砂砾石，井壁与填充料之间设置反滤层，使得到充分净化的雨水直接排入地下水系，有效补给地下水（图 5-7）。

图 5-7 雨水花园＋渗井做法示意图

渗井的深度控制在 1.5～3m 之间，以达到地下砂砾层为止。井口大小及布置数量由雨水花园收水面积和绿地土壤渗水系数决定。布置位置以绿地标高的 2/3 处为好，渗井采用分层设计，将不同过滤物质通过优化组合，形成不同密级的渗滤过水通道，达到过滤吸附的目的（图 5-8）。

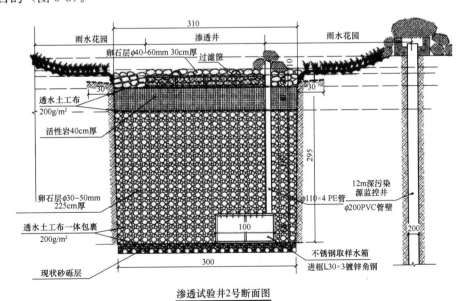

图 5-8 渗井断面图

图 5-9　雨水花园碎石铺底沉淀及清淤区做法

② 雨水花园碎石铺底沉淀及清淤区做法

源头绿色雨水设施量大、易堵，后期运行维护是难题。为解决该问题，城基花园小区生物滞留、雨水花园等滞渗设施从设计入手，强化预处理、清淤、植物配置、结构设计及本地化材料应用，雨水花园沟底采用碎石铺底沉淀及清淤区做法，大大降低了堵塞风险和维护频率及难度（图 5-9）。

4. 改造成果

该片区一共改造铺装面积 25700m²，沥青道路面积 18000m²，楼道改造 40000m²，污水管线改造 4500m（每个单元的出户管主线、支线、污水井都进行了更新改造），绿化面积 9152m²，线性排水沟 1800m，楼外路灯安装 190 个。总投资共计 617 万元，最终实现年径流总量控制率 80％的目标。为了能让居民接受，本项目通过媒体、业主、居民代表等多方渠道进行了宣传，并且在设计阶段广泛征求了相关意见，通过海绵改造，在达到源头滞渗的同时，也解决了小区自身存在的部分问题。改造完成后居民出行便捷，生活舒适，环境美观，功能设施更加完善，完全体现出了海绵城市建设的实效：小雨不积水、大雨不内涝，获得该片区居民的一致好评，改造后实景见图 5-10～图 5-12。

图 5-10　阳光 A 片区航拍实景图

图 5-11　阳光 A 小区内部雨水花园实景图（一）

图 5-12　阳光 A 小区内部雨水花园实景图（二）

5.2 案例2 北京BOBO自由城

项目名称：通州区海绵城市试点工程BOBO自由城海绵小区改造工程
建设单位：北京北控建工两河水环境治理有限责任公司
设计单位：中国建筑标准设计研究院有限公司
案例供稿：韩元

1. 工程概况

北京市位于华北平原西北部，属北方平原缺水地区，为典型的温带大陆性季风气候，降水量时空分布不均，多年平均降水量为585mm，汛期（6～9月）降水量占全年降水量的85%以上。北京市通州区于2016年成为我国第二批海绵建设试点。

BOBO自由城小区位于北京市通州区（图5-13），是2004年竣工的商业居住区，小区红线总用地面积151288m²，屋面面积53322m²，硬化面积57125m²，绿化面积38916m²。容积率为2.0，绿化率为45%，小区建筑密度较低，共有27栋楼，均为板楼，共计2300户，小区范围内没有地下构筑物。

图5-13 BOBO自由城小区区位图

2. 存在问题

依据通州新城及北京市的上位规划等相关规定，本项目应满足年径流总量控制率≥75%，年SS控制率≥37.5%，雨水资源化利用率≥3%，下凹式绿地率≥30%，透水铺装率≥50%的指标要求。改造前对小区现状进行调研（图5-14～图5-18），存在以下问题：

（1）水环境方面，排水管网老化、混乱，存在污染问题；

（2）水生态方面，小区内水景水量难以保证，水体自净能力受限；

（3）水资源方面，北京市整体水资源匮乏，需节约水资源，小区内中水站缺乏维护，设备年久失修，再生回用水水源常年供给不足，现状绿地浇灌补给多使用自来水；

（4）水安全方面，小区整体地势低于周边市政道路，不透水铺装面积较大，雨季时部分路面场地积水严重；

（5）景观方面，部分地被层缺失，存在裸露土现象，部分景观路面破损严重，景观品质有待提升；

（6）社会效益方面，项目位于通州新城核心区，同时属于整个海绵试点区域的重点小区，应承担样板示范作用。

图 5-14 小区铺装分析图

图 5-15　小区裸露土位置分析图

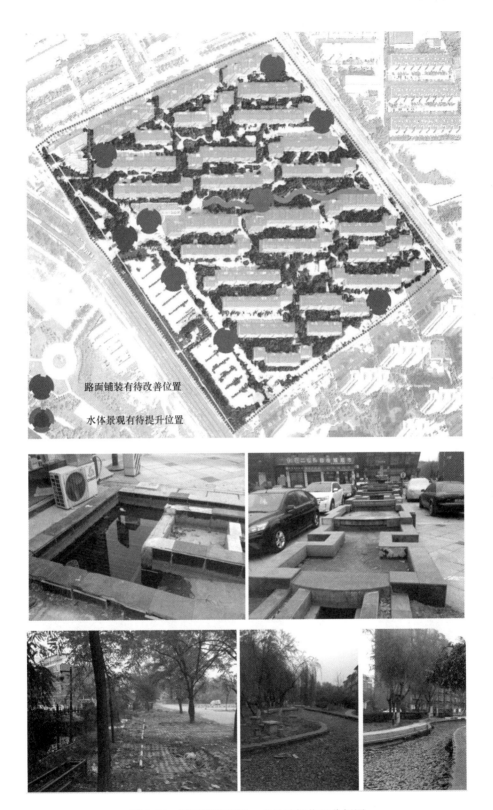

图 5-16　路面铺装破损、水景破损位置分析图

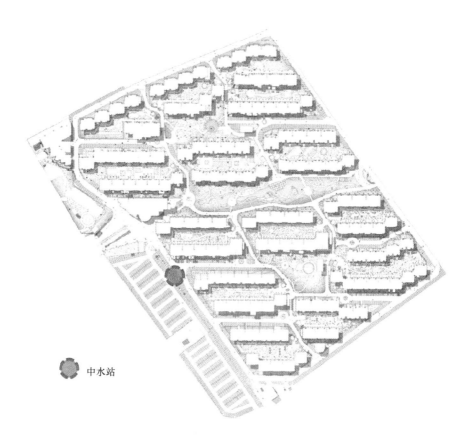

中水站

图 5-17 小区中水站位置及现状分析图

易积水路段 ←

图 5-18　小区易积水路段分析图

3. 改造方法

通过问题分析、总结以及研究之后，针对典型问题提出若干要求和解决方案，制定设计策略、推算指标。同时对试点区域的年径流量、降雨量进行较为详细的科学计算分析，并通过设计布局和校核计算调整方案，形成最终方案（图 5-19）。

（1）LID 技术措施

依据场地功能、规模等特点，同时结合汇水区特征和设施的主要功能、经济性、适用性、景观效果等因素，合理选择效益最优的单项设施及其组合模式（图 5-20～图 5-27、表 5-2）。

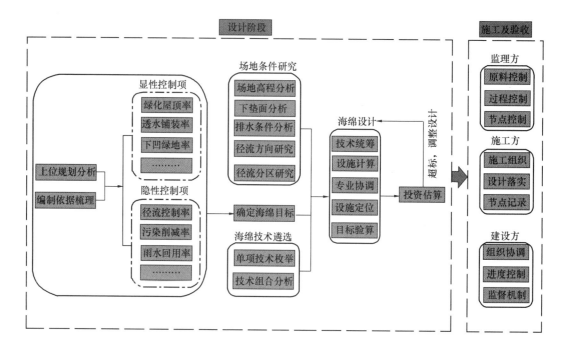

图 5-19 技术流程图

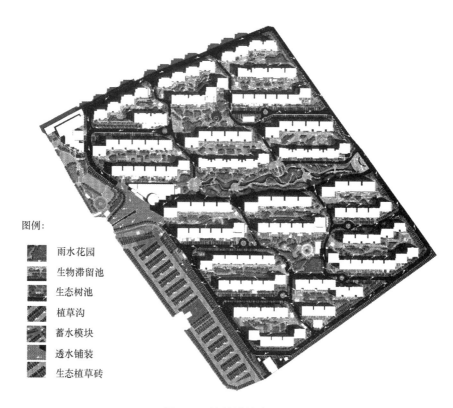

图例：

雨水花园

生物滞留池

生态树池

植草沟

蓄水模块

透水铺装

生态植草砖

图 5-20 海绵设施布局图

海绵改造工程量表 表 5-2

项目	类别	项目或费用名称	数量	单位
道路工程	透水铺装	人行道透水铺装（陶瓷透水砖）	11870	m²
		人行道透水铺装（砂基透水砖）	3427.05	m²
		停车场透水铺装（陶瓷透水砖）	2771.16	m²
		停车场透水铺装（嵌草砖）	2781.24	m²
		停车场透水铺装（C25 高承载地坪）	2249.1	m²
		胶粘石	1348	m²
		透水混凝土铺装	1024	m²
排水工程	小型雨水管道	雨水管线	226	m
		灌溉回用管	2302	m
	中型雨水管	雨水管线	78	m
海绵工程	海绵设施维护	渗透管	6054	m
		雨水花园	670.92	m²
		植草沟	1329	m²
		生物滞留设施	2340	m²

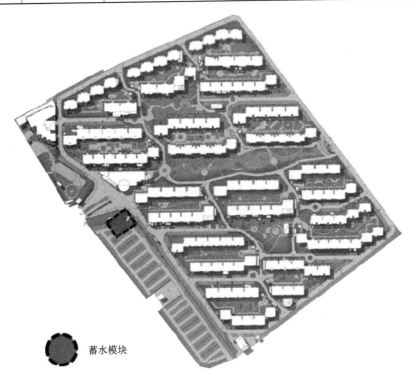

● 蓄水模块

图 5-21 蓄水池布局图

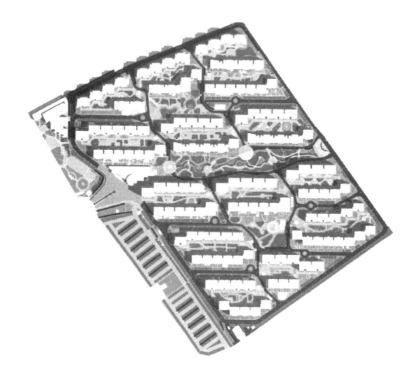

图 5-22　生态植草沟布局图

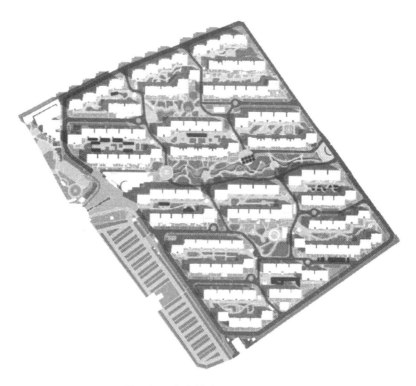

图 5-23　生态树池、花池布局图

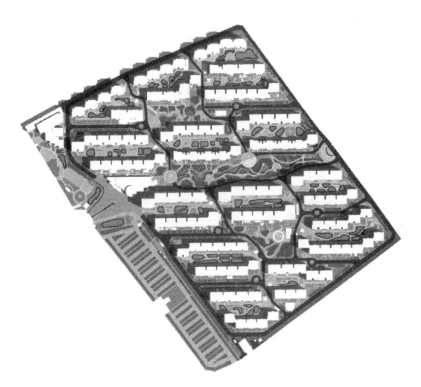

图 5-24　生态滞留池布局图

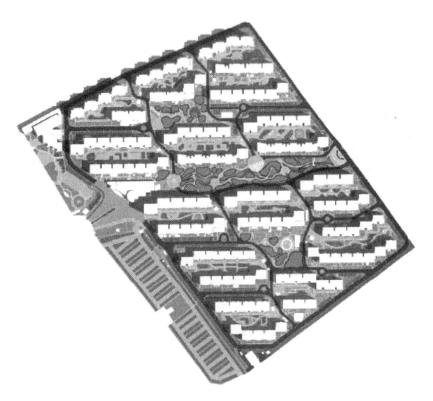

图 5-25　雨水花园布局图

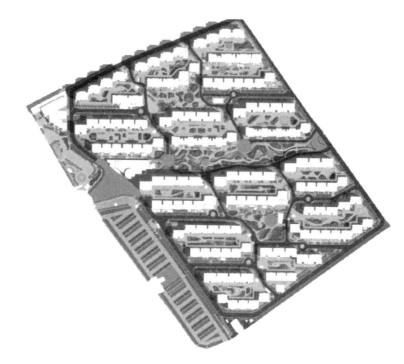

图 5-26　人行路、广场改造布局图

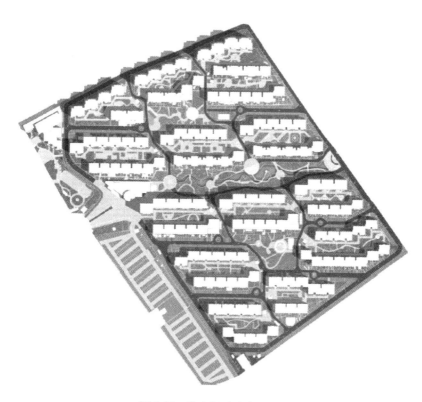

图 5-27　停车场改造布局图

公共绿地：本项目公共绿地空间较为集中，便于作为收集、过滤雨水、缓冲流速、雨洪调蓄的重要节点，通过"下凹式绿地＋生物滞留池＋植草沟＋雨水花园"的技术组合，进行复合型的海绵城市建设。

广场：广场以铺装居多，结合少量绿地，构建"透水铺装＋下沉广场＋蓄水模块"的技术组合形式。

人行道路：人行道路 LID 措施主要为缓解道路雨水径流速度、收集过滤雨水的作用，构建"透水铺装＋植草沟＋生物滞留池＋下凹式绿地"的技术组合形式。

雨水管道：一部分管道增加管径（由 $\phi300$ 增大至 $\phi600$）及坡度；一部分管道进行断接处理。

（2）景观提升

本项目遵循海绵特性、美学价值、功能使用、成本经济的原则进行植物改造，最大限度地保留现状植物，利用地形构建复层种植，并与场地衔接，根据不同种植层次，选择相应的具备海绵功能的植物品种，通过植物为社区提供生态海绵改造方式。

其中，乔木层主要发挥冠层滞留和根际滞留作用，选择枫杨、白蜡、馒头柳、红叶李等耐水湿品种；灌木层主要发挥丰富群落层析的作用，选择柽柳、胡枝子、紫穗槐、红瑞木、紫丁香、金银木、珍珠梅等耐水湿品种；地被层主要发挥植物的胫骨功能，选择灯芯草、石菖蒲、狼尾草、德国鸢尾、马蔺、千屈菜等耐盐碱、抗污染能力强的品种。

4. 改造成果

为评估小区海绵改造的效果，采用北京市 2 小时 1 年一遇、3 年一遇、5 年一遇和 10 年一遇设计暴雨对改造后的小区排水情况进行了模拟评估。从表 5-3 中可见，改造后小区径流系数均低于 0.45，远低于改造前最低径流系数 0.74（$P＝1$ 时），外排径流系数则更小，3 年一遇及以下暴雨径流量控制率在 75％ 以上，10 年一遇也接近 70％（表 5-3）。

径流量统计表　　　　　　　　　　　　　　　表 5-3

暴雨重现期（a）	降雨量 （mm）	径流量 （mm）	外排径流量 （mm）	径流系数	单场暴雨径流量 控制率（％）
1	46.5	16.6	5.6	0.36	88.0
3	64.5	26.1	15.1	0.40	76.6
5	72.8	30.5	19.5	0.42	73.2
10	84.2	36.7	25.7	0.44	69.5

图 5-28、图 5-29 分别给出了小区遭遇重现期 3 年和 10 年暴雨时，外排流量过程。可见，由于径流量的减少以及蓄水设施的作用，小区外排洪峰和累积水量都远小于改造前，绝大部分径流量进入了蓄水设施。

根据模拟结果，在遭遇 3 年一遇设计暴雨时，小区未发生管网溢流情况，5 年一遇暴

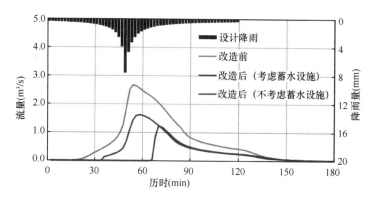

图 5-28 改造前与改造后小区出口流量过程线 （*P*=3）

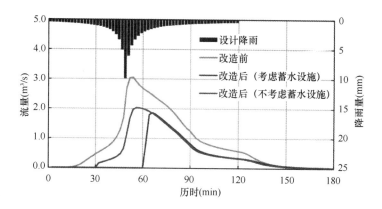

图 5-29 改造前与改造后小区出口流量过程线 （*P*=10）

雨时，仅有 6 处节点发生非常轻微的溢流情况；从管道满载情况来看，以 3 年一遇暴雨为例，出现过满载状态的管道共有 65 条，占所有管道数量的 34.0%，平均满载时间 2.6min，远低于改造前的 82.2% 的比例和 10.6min 的平均满载时间。结果表明，改造后的小区排水标准约为 5 年一遇，相对于改造前不足 3 年一遇的排水能力，海绵措施间接提升了小区排水标准（见表 5-4）。

径流量统计表 表 5-4

暴雨重现期（a）	溢流节点数目（个）	满载管道数目（根）	满载管道比例（%）	平均满载时间（min）
1	0	18	9.4	0.60
3	0	65	34.0	2.57
5	6	80	41.9	3.95
10	21	125	65.4	7.43

结合构建的管网模型和二位水动力学模型，采用北京市 50 年一遇 24 小时设计降雨过程，对改造后的小区暴雨内涝情况进行了模拟计算，如图 5-30 所示。可见，由于小区出口接市政管网的地方建立了蓄水设施，初期产生的径流全部储存在蓄水设施中，因此在前

期有降雨产生后相当一段时间内，没有外排流量。

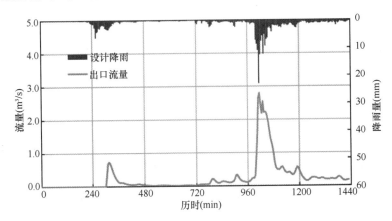

图 5-30　小区出口过程线（50 年一遇 24 小时设计暴雨）

改造后的小区基本能够应对 50 年一遇设计暴雨，个别位置需要加强警戒，防范暴雨洪涝风险。根据 50 年一遇 24 小时设计暴雨时小区各个地方的最大淹没深度的统计结果（见图 5-31），所有淹没区域中，最大淹没水深大于 0.3m 的地方占总淹没区域的 6.2%，最大淹没水深在 0.2~0.3m 之间的占 21.6%，最大淹没水深小于 0.2m 的占 72.2%。

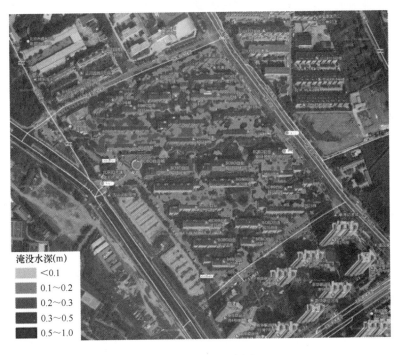

图 5-31　小区淹没范围示意图（$P=50$）

本项目工程造价约为 212.83 元/m²。经改造后，场地径流系数低于 0.55，年径流总量控制率达到 75%，年径流污染物控制率为 57%，雨水资源利用率为 7%，雨水管网系统满足 3 年一遇的降雨排水能力要求，能够应对 50 年一遇的暴雨。改造后小区实景见

图 5-32～图 5-36。

图 5-32　透水铺装实景图（一）

图 5-33　透水铺装实景图（二）

图 5-34　旱溪实景图

图 5-35　植草沟、雨水花园实景图

图 5-36　截污型溢流雨水口实景图

5.3 案例3 北京紫荆雅园小区

项目名称：通州区海绵城市试点工程紫荆雅园海绵小区改造工程
建设单位：北京北控建工两河水环境治理有限责任公司
设计单位：中国市政工程华北设计研究总院有限公司
案例供稿：韩 元

1. 工程概况

紫荆雅园地处北京通州区，北侧临近堡龙路，东邻东六环路，西靠牡丹路，南近通胡路（图5-37）。于1999年开始建设，2003年竣工交付使用。占地面积为116125m²，场地内对地下室进行了开发利用，地下室位于建筑下方。现状绿地面积38327m²，硬化屋顶面积23428m²，道路面积17612m²，现状绿化率为33.36%，建筑密度为20.40%，包含17栋建筑。改造内容包括LID建设、景观修复和提升、管网改造与建设，以及雨水调蓄设施建设和管网改造。本项目工程造价约为261.59元/m²。

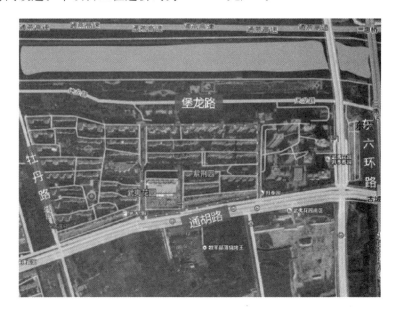

图5-37 紫荆雅园区位图

2. 存在问题

依据通州新城及北京市的上位规划等相关规定，本项目应满足年径流总量控制率≥75%，雨水资源化利用率≥3%，年SS控制率≥37.5%，排涝标准50年一遇，设计暴雨重现期 3 年的指标要求。

改造前对物业及居民进行调研，结果显示，在 2012 年 7 月 21 日和 2016 年 7 月 20 日的特大暴雨中，除个别坑洼地点外，小区道路基本没有积水。现状存在以下问题（图 5-38～图 5-43）：

（1）场地竖向方面，整体地势较为平坦，相对低点有两处，低洼处易形成积水。

（2）绿化种植方面，现状均为实土绿地，无下凹式绿地，绿化种植品种单一，长势较差，存在荒地的现象，景观效果不佳。由于采取微地形缓坡绿地的形式，绿地普遍高于周边道路，雨季时存在土壤污染路面、堵塞雨水箅子等现象。

（3）道路铺装方面，小区内无透水铺装，主要路面为混凝土路面，包括道路、道路路牙、植草砖停车位等在内的现状铺装均破损严重。

（4）排水系统方面，小区内采取分流制排水系统，现状雨水管道仅布置在小区主干道，楼宇之间未敷设雨水管道，部分雨水依靠地表径流流向就近的主干道雨水口，导致雨水排水不畅。屋面雨水采取外排形式，少部分雨水立管发生破损。屋面雨水经雨水立管和散水后无序漫排。

（5）小区内交通设计人车分流不彻底，存在安全隐患；

（6）公共活动空间不足，居民对休憩场地需求的呼声较大。

图 5-38　现状绿化

图 5-39　现状铺装

（a）破损混凝土；（b）破损植草砖；（c）破损砖；（d）破损石材

⬬ 低洼点（路面坠陷）

🔵 低洼点（住户入口）

图 5-40　现状低洼点

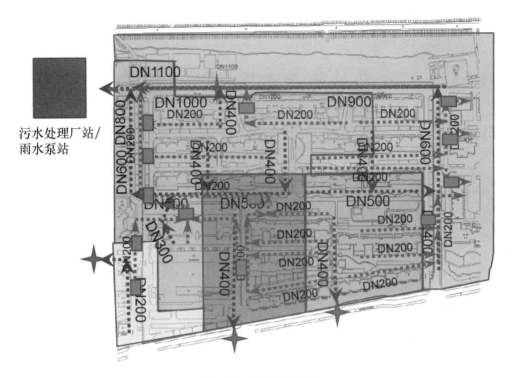

图 5-41 现状排水情况

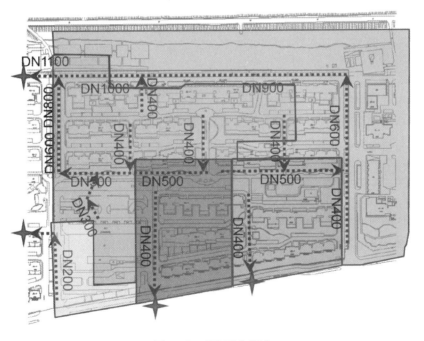

图 5-42 现状雨水管道

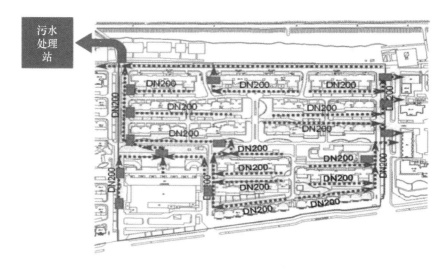

■雨水排出口
┅┅► 现状污水管道

图 5-43　现状污水管道

3. 改造方法

　　项目充分结合小区现状，小区的五大汇水分区以统筹协调、问题导向、修旧利废、灰绿结合为原则，采用雨水花园、下凹式绿地、透水铺装、渗沟、植草沟、线性排水沟、更新雨水立管、雨水管道改造、雨水口改造、污水及再生水处理装置改造为雨水处理及回用设施等技术措施，对径流总量、径流污染、外排峰值进行控制，并将收集的雨水进行回用，提升了雨水资源化利用率。

　　同时重新组织小区交通，实现人车分流；设置休憩座椅，增加人文关怀；选用北京市乡土植物，适当增加香花槐、五角枫、雪松等常绿及落叶乔木，与千屈菜、马蔺等海绵城市湿水植物结合，形成乔灌草结合的复层绿化空间，丰富了园林植物景观，提升了小区景观品质。

　　具体流程如图 5-44 所示。

　　其中，屋面雨水组织形式为：屋面排水立管→生物滞留设施（雨水花园、下凹式绿地）→蓄水模块/市政雨水管网；道路雨水组织形式为：路面雨水→透水路缘石→下凹式绿地→蓄水模块/市政雨水管网，或路面雨水→透水铺装入渗→市政雨水管网；广场雨水组织形式为：广场雨水→下凹式绿地→蓄水模块/市政雨水管网，或广场雨水→透水铺装入渗→市政雨水管网。

　　本着充分利用现有设施的原则，结合现状雨水管道，通过数值模型及推理计算，在小区内原 5 个汇水分区的基础上，进一步细分 LID 子汇水分区，划分为 44 个子汇水分区，保证 LID 设施切实发挥作用，达到海绵社区建设目标（图 5-45～图 5-48、表 5-5）。

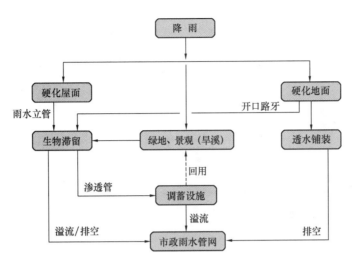

图 5-44　雨水收集利用排放流程图

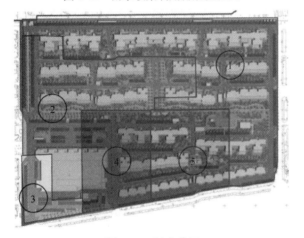

图 5-45　汇水分区

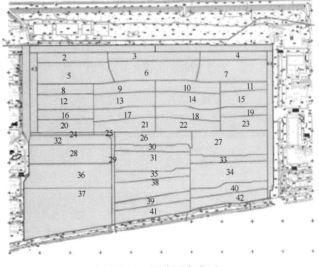

图 5-46　细分汇水分区

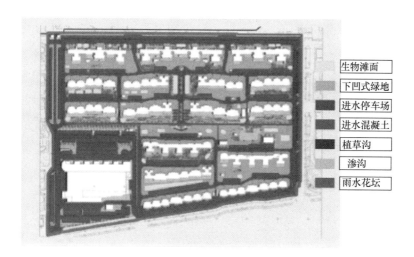

图 5-47　LID 设施平面布局图

生物滩面
下凹式绿地
进水停车场
进水混凝土
植草沟
渗沟
雨水花坛

小区LID设施溢流井及盲管布置

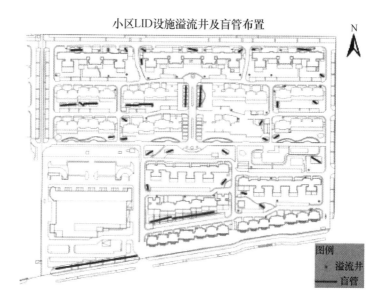

图例
· 溢流井
— 盲管

图 5-48　LID 设施溢流井及盲管布局图

设施经济技术指标一览表　　　　　　　表 5-5

项目	类别	项目或费用名称	数量	单位
道路工程	透水铺装	人行道透水铺装（砂基透水砖）	5774.52	m²
		停车场透水铺装（砂基透水砖）	12139.21	m²
		混凝土透水砖	450	m²
		透水沥青混凝土	23287	m²
		透水混凝土铺装	995	m²
排水工程	小型雨水管道	雨水管线	144	m
		线性排水沟	387	m
	中型雨水管	雨水管线	226	m

项目	类别	项目或费用名称	数量	单位
海绵工程	海绵设施维护	渗透管	6705	m
		雨水花坛	150	m²
		渗沟	1206	m²
		生物滞留设施	2237	m²
		雨水花园	1305.00	m²
		下凹绿地	12266.85	m²
		植草沟	120.00	m²
		特色树池	20.72	m²

4. 改造成果

选择 SWMM 模型进行海绵化改造实施效果模拟评估，结果见图 5-49。

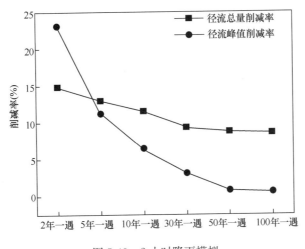

图 5-49　2 小时降雨模拟

本项目经竖向组织调整、LID 设施设计、雨水口改造及雨水管网扩充改造后，场地雨量综合径流系数由 0.6 降低为 0.46，年径流总量控制率达到 84.2%，年 SS 总量去除率达到 67.3%，雨水管网系统满足 3 年一遇的降雨排水能力要求，雨水资源化利用率达到 3%，收集的雨水经净化后回用于绿化浇灌。

根据小区景观特性和海绵改造理念，项目布置了四个 LID 典型示范区，形成典型的示范引领效果。包括西入口 LID 实施示范区、梧桐大道景观带 LID 体验区、中心广场 LID 知识宣传区、中轴 LID 成果展示区，形成一轴、两带、多节点的结构形式（图5-50），建成的实景图见图 5-51～图 5-60。

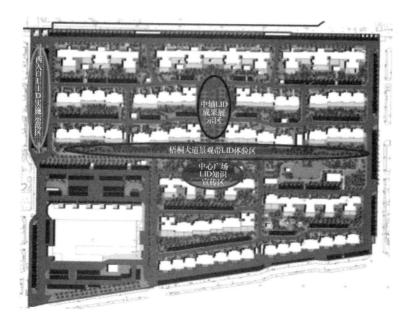

图 5-50　小区 LID 典型示范亮点布局图

图 5-51　西入口示范区实景图

图 5-52　梧桐大道体验区实景图（一）

图 5-53　梧桐大道体验区实景图（二）

图 5-54　中轴成果展示区实景图

图 5-55　路缘石改造实景图

图 5-56　雨水立管改造实景图

图 5-57　种植池改造实景图

图 5-58　雨水花园改造实景图

图 5-59　停车位改造实景图

图 5-60　透水砖铺装改造实景图

5.4 案例4 济南阳光舜城中八区小区

项目名称：济南阳光舜城中八区小区海绵改造
建设单位：济南泉兴建设投资运营有限公司
设计单位：济南城建集团有限公司
案例供稿：王建龙

1. 工程概况

济南市位于山东省中西部，为我国首批海绵试点城市之一，属北方坡地与平原构成的复合型城市，是典型的资源型缺水城市，地处中纬度地带，属于暖温带半湿润大陆性季风气候。其特点是季风明显，四季分明，春季干旱少雨，夏季炎热多雨，秋季较为干燥，冬季气温低。济南市年平均降水量665.7mm、雨季月平均降水量194.9mm、非雨季月平均降水量9mm，每年7、8、9月为雨季。据统计资料，济南市月平均蒸发量1月份最小为61.10mm，6月份最大为340.30mm，年蒸发量为2263.00mm。

济南市阳光舜城片区位于舜耕山下，共817ha，拥有400ha树林，133ha社区绿化，青山绿水，文脉悠久。中城——中央商业区，北城——生态山庄，南城——都市生活区。

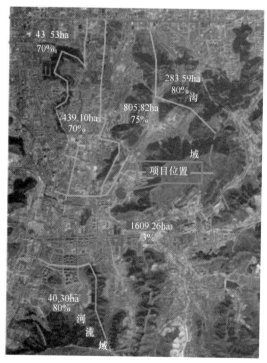

图 5-61 阳光舜城中八区位置

北依济南千佛山，东邻蚰蜒山风景区，西临金鸡岭游览区，南接外环路，群山环绕。阳光舜城中八区位于旅游路以东，舜世路以西，北邻中五区，南邻中十区，隶属兴济河流域（图 5-61）。

小区占地面积约 2.08ha，地下空间未开发，下垫面分为建筑屋面、小区沥青路、绿地、硬质铺装地面四类。其中：建筑屋面面积为 0.434ha，小区沥青道路面积为 0.181ha，绿地面积为 1.02ha，硬质铺装地面面积为 0.446ha，小区综合径流系数为 0.5（图 5-62）。

小区整体地势东北高西南低，最大高差约 5m，道路纵坡约为 2%，四周为居住区，地势较高，无客水进入，自成一个独立的汇水分区（图 5-63）。

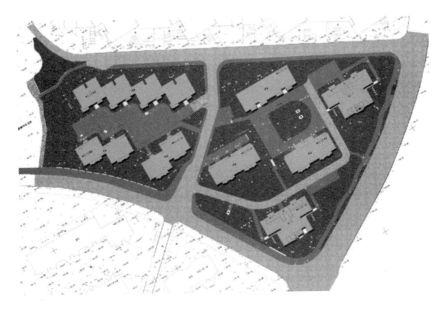

图 5-62　小区下垫面分布图

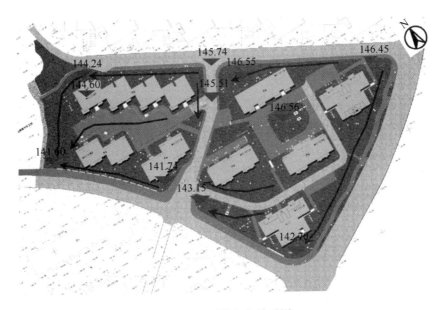

图 5-63　总体竖向关系图

2. 存在问题

舜世路以西片区，多为新建成小区，绿化面积较大，整体地势坡度较大，东北高西南低，无雨水系统，主要存在以下几个问题：

（1）小区道路坡度较大，雨水流速快，且济南市存在雨季集中、瞬时降雨量大的特点，马路行洪现象严重（图 5-64）。

图 5-64　现状坡度较大

（2）小区无雨水系统，沿途汇集绿地、屋面、道路等区域的雨水，雨水地面径流排至市政道路，易造成马路行洪（图 5-65、图 5-66）。

图 5-65　小区无雨水系统

图 5-66　雨水立管雨水直排路面

（3）小区内绿地面积较大，绿化率 50%，但黄土裸露较为严重，景观效果较差，且高出周边地坪，雨水不宜渗蓄（图 5-67）。

图 5-67　小区现状绿地黄土裸露严重

（4）小区内道路铺装年久失修，破损严重，每逢雨季就形成坑洼积水，泥水四溢，影响居民出行（图 5-68）。

图 5-68　小区人行道花砖损坏严重

3. 改造方法

结合济南市海绵城市建设试点实施方案、增渗保泉、源头减排三方面内容，确定小区海绵化改造目标为：年径流总量控制率达到 85%，对应设计降雨量为 41.3mm，综合雨量径流系数为 0.5，目标调蓄容积 429.9m³。同时，通过优先截留道路雨水（改造道路横算），解决马路行洪现象，并将破损的花砖路面改为透水铺装，保证小区道路的完整性，提高出行舒适度。

（1）技术选择

根据小区的实际条件，优先选择以渗透为主的技术，如下凹式绿地、雨水花园等措施，对局部路面破损的情况，选择进行透水铺装改造；在局部纵坡较大的地方采用横向截水沟进行截留、将雨水引入周边绿地中的调蓄设施；根据小区的实际情况还采用了雨水桶、路缘石开口、雨水立管断接、坡地绿地改造等措施。根据汇水情况，通过集中与分散的布置方式对雨水进行汇集（图 5-69）。

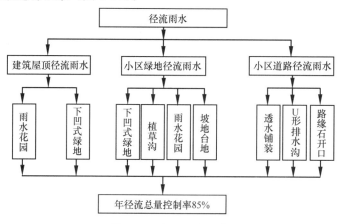

图 5-69　小区改造思路

（2）设施布局

本小区地形较为简单，依据地形标高、小区竖向及道路汇水方向，以中间道路为界，划分为两个汇水区域（图 5-70），其中：

A 区位于小区西南角，汇水面积 0.842ha，主要包含 6 号楼、7 号楼、8 号楼等建筑屋面、沥青道路、花砖铺装以及绿地。

B 区位于小区东南角，汇水面积 1.24ha，主要包括 1 号楼、2 号楼、3 号楼、4 号楼、5 号楼等建筑屋面、沥青道路、花砖铺装以及绿地。

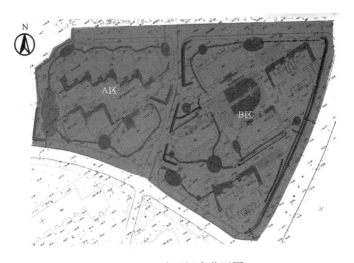

图 5-70　小区汇水分区图

两个汇水分区相对独立，共有六处雨水排出口，小区内无雨水系统，靠地面径流排至下游道路。调蓄容积计算可分别进行（图 5-71）。

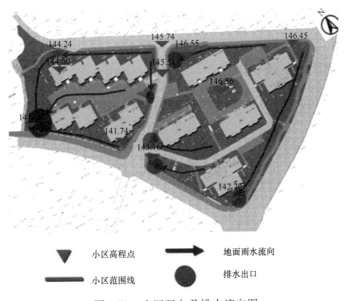

图 5-71　小区竖向及排水流向图

（3）计算汇水分区设计调蓄容积

依据划分的汇水分区图及每个汇水分区的下垫面情况，利用容积法（详见《海绵城市建设技术指南——低影响开发雨水系统构建（试行）》）计算汇水分区设计调蓄容积，计算公式如下：

$$V = 10H\varphi F \tag{5-1}$$

式中　V——设计调蓄容积，m^3；

　　　H——设计降雨量，mm；

　　　φ——综合雨量径流系数（改造后）；

　　　F——汇水面积，ha。

计算综合雨量径流系数 φ：本小区选取各类汇水面的雨量径流系数时，均考虑了实际不利因素的影响，硬质屋顶和不透水铺装的雨量径流系数取中间值做保守计算，透水铺装取 0.25。

选定雨量径流系数取值后，运用汇水面积加权平均法计算两汇水分区综合雨量径流系数，计算公式如下：

φ＝（φ硬质屋顶×F硬质屋顶＋φ绿化×F绿化＋φ不透水铺装×F不透水铺装＋φ透水铺装×F透水铺装＋…）/（F硬质屋顶＋F绿化＋F不透水铺装＋F透水铺装＋…）　　(5-2)

式中　φ——汇水面的雨量径流系数；

　　　F——汇水面的面积，ha。

A 区汇水分区计算如图 5-72、表 5-6 所示。

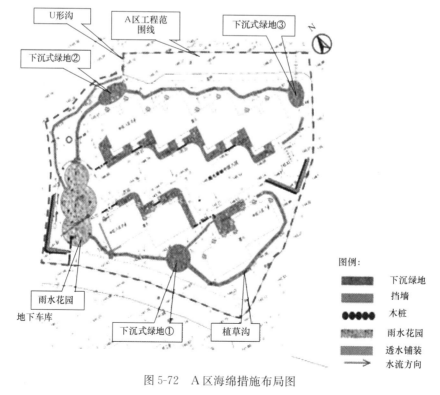

图 5-72　A 区海绵措施布局图

A 区调蓄指标计算表　　　　表 5-6

措施说明	汇水区域：说明汇水区域，不同汇水区域应分别考虑					
汇水量计算	汇水面种类	建筑屋顶	绿化	道路	硬质铺装	水面	透水铺装
	面积（m²）	1840	3631	963	1986.2	0	0
	雨量径流系数	0.85	0.15	0.9	0.8	1	0.25
	汇水量（m³）	188.5					
	调蓄核算：根据计算的汇水量计算						
下凹式绿地	下凹面积（m²）	697					
	下凹深度（cm）	30					
	调蓄容积（m³）	209.1					
合计	209.1						

B 区汇水分区计算如图 5-73、表 5-7 所示。

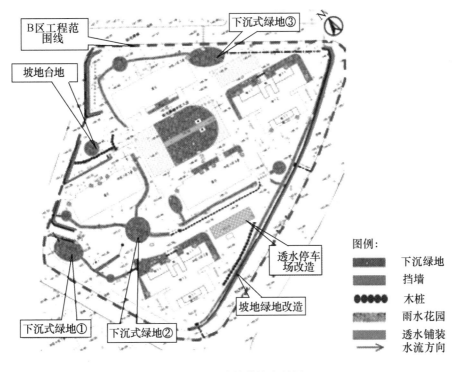

图 5-73　B 区海绵措施布局图

B区调蓄指标计算表   表 5-7

措施说明	汇水区域：说明汇水区域，不同汇水区域应分别考虑						
汇水量计算	汇水面种类	建筑屋顶	绿化	道路	硬质铺装	水面	透水铺装
	面积（m²）	2500.1	6576.3	847.6	2475.2	0	0
	雨量径流系数	0.85	0.15	0.9	0.8	1	0.25
	汇水量（m³）	241.4					
	调蓄核算：根据计算的汇水量计算						
下凹式绿地	下凹面积（m²）	1537					
	下凹深度（cm）	30					
	调蓄容积（m³）	195.5					
合计	461.1						

（4）设计校核

各区技术指标汇总表   表 5-8

分区	面积（ha）	调蓄量（m³）	总调蓄量（m³）
A区	0.842	209.1	670.2
B区	1.24	461.1	

结论：本小区改造后实际调蓄容积大于设计调蓄容积，设计指标范围内雨水均可在小区内调蓄。运用式（5-1）反推实际控制降雨量为 64mm，小区实际年径流总量控制率为 91%（表 5-8）。

（5）典型节点设计

① 下凹式绿地

为增强绿化带的渗水滞水能力，将部分现有绿地改造成下凹式绿地。下凹式绿地平均下凹深度为 15～20cm，靠硬化路面一侧设置路缘石开口；下凹深度为种植土顶面与周边道路地坪标高之差。现状绿化带开挖深度应考虑回填种植土厚度，并不小于 30cm。保留现状树木位置，种植点直径 1m 范围内可减少开挖深度，保证树木成活。开挖位置紧靠路缘石、散水等构筑物时，水平开挖点距构筑物不小于 20cm，并采用 1：3 坡度顺接。

② 透水铺装

将 3 号楼东侧广场改造成透水铺装路面，解决雨水下渗，减少雨水径流。透水铺装结构为：6cm 厚透水花砖＋3cm 厚干硬性水泥砂浆＋15cm 厚透水混凝土＋10cm 天然砂砾。土基回弹模量不小于 20MPa，压实度不小于 92%。

③ 坡地台地

将小区东侧及3号楼西侧的绿化带坡地改造成阶梯式坡地台地，减缓雨水流速，增强蓄水能力。每级台地末端插围木桩，并在坡地绿地末端设置挡墙。

④ 雨水花园

雨水花园的雨水主要来源于A区路面雨水、区域内下凹式绿地溢流雨水及中五区部分转输雨水（80m³）。A区内雨水花园面积为375m³，共有三部分：前置塘、沼泽区、出水区，并设置溢流井接市政雨水系统。

4. 改造成果

阳光舜城中八区海绵改造项目，结合小区绿地进行改造，采取了渗透、净化、存储等措施，工程造价约130万元，折合造价约62.5元/m²，最终达到的改造目标为年径流总量控制率91％。经济方面，通过雨水回用，补充了绿化浇洒、景观水体用水，节约小区内水费支出；生态方面，小区现状无雨水系统，部分雨水直排污水井，通过海绵设施将雨水滞蓄、截留，降低雨水径流量，有效减少雨污合流，减轻了马路行洪现象；社会方面，将破损的花砖路面改为透水铺装，保证小区道路的完整性，提高出行舒适度，提升居民认同感、舒适度（图5-74～图5-77）。

改造前　　　　　　　　　　　　　　改造后

图5-74　雨水花园

改造前　　　　　　　　　　　　　　改造后

图5-75　坡地台地（一）

改造前　　　　　　　　　　　　　　　　改造后

图 5-76　坡地台地（二）

改造前　　　　　　　　　　　　　　　　改造后

图 5-77　下凹式绿地、U 形沟

　　经过本次海绵改造，顺利完成增渗保泉、源头减排的设计目标，源头上对雨水进行调蓄、净化处理，减少雨水外排量，储存的雨水除补给地下水外，可用于绿化浇洒、景观水体，节约社区内水资源用量。改善水环境的同时，居民的生活环境也得到改善：社区绿化率提高，有效缓解热岛效应；居民休憩场所更规范、舒适。本次海绵社区改造工程在解决现状问题的同时，为居民打造了更舒适、更便利的居住环境。

5.5 案例5 西咸新区沣西新城天福和园小区

项目名称：西咸新区沣西新城天福和园小区海绵城市建设项目
设计单位：阿普贝斯建筑景观设计咨询有限公司
建设单位：陕西省西咸新区沣西新城管理委员会
咨询单位：北京雨人润科生态技术有限责任公司
管理单位：陕西省西咸新区沣西新城管理委员会
运行维护单位：陕西省西咸新区沣西新城管理委员会
案例供稿：闫攀、马越、刘强、侯精明

1. 工程概况

西咸新区是国家第一批海绵建设试点城市之一，作为西北地区的典型城市，属半干旱、半湿润气候区，降雨量较少，水资源短缺，砂质土层较多，土壤渗透系数较大，部分地区存在湿陷性黄土。沣西新城年降水量年际变化大，季节分配不均，7、8、9月份降雨大，冬季降水较少，多年年均降水总量为520mm，多年年均蒸发总量为1289mm，月均蒸发量均大于降雨量。

天福和园小区位于陕西省咸阳市沣西新城试点区内，西临兴业路，东靠兴信路，南接天雄西路，北邻天府路，是西咸新区政府推动保障性安居工程建设、保障并改善地方民生的重点扶持项目（图5-78）。天福和园小区主要用于当地居民的回迁安置住宅，多数为33

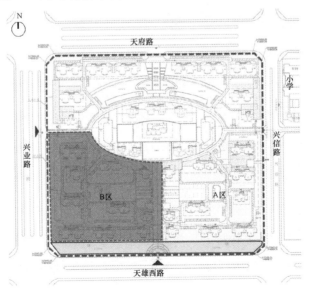

图 5-78 天福和园 B 区项目区位图

层的高层住宅。园区占地面积10534m²，地库顶板面积27373m²（集中在区域中央位置），其中建筑占地15.0%，绿化率约57.9%。场地竖向较为平整，总体呈现北高南低、东高西低的趋势。改造内容包括LID建设、雨水管网改造与提升、雨水调蓄设施建设以及景观空间营造与提升。项目总投资为1815.4万元。

2. 存在问题

项目海绵城市建设主要面临如下问题及需求（图5-79、图5-80）：

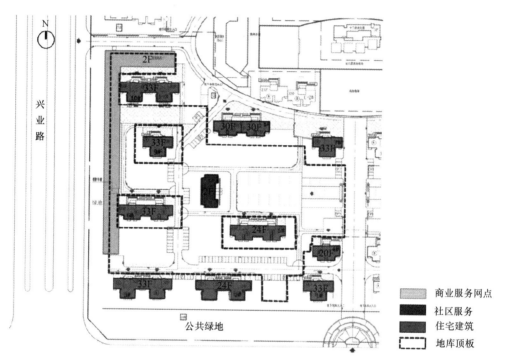

图5-79 地下空间分析图

（1）气候及降雨条件

沣西新城属暖温带半湿润大陆性季风气候区，年降水量年际变化大，季节分配不均，7、8月份暴雨强度高，如何消纳短时强降雨存在困难与挑战。

（2）景观营建

场地内地库顶板区域占地面积较大，海绵改造和景观营建空间受限。处理雨水设计与场地设计相结合的难度较高，并且场地内存在多处地下通风口、人防出入口等功能设施，影响场地景观空间的完整性。

（3）排水系统

小区内建筑过高，雨水从雨水立管下降时具有较大的势能，冲击力较大，雨水的收集与利用存在困难。同时，地库入口较低，暴雨来临时，存在雨水流入、内涝积水等风险。

（4）居民需求

此小区为回迁住宅，居民在原有生活习惯、生活场景以及人文关怀方面存在需求。

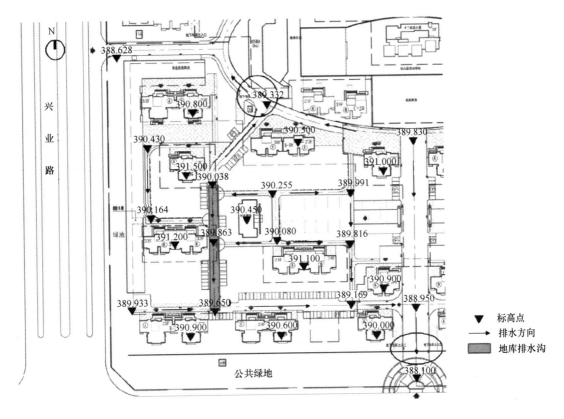

图 5-80　竖向条件分析图

3. 设计方法

天福和园用地性质为建设小区类项目，根据《西咸新区沣西新城海绵城市建设专项规划》和《沣西新城核心区低影响开发专项研究报告》，确定天福和园海绵城市建设主要指标如下：

① 天福和园年径流总量控制率为 85.4%，对应设计降雨量为 19.5mm；

② 通过竖向设计，可有效应对规划区内 50 年一遇的暴雨；

③ 有效削减雨水面源污染达到 60%；

④ 生态滞留设施占绿地比例 24.8%；

⑤ 透水铺装率 10%。

本次设计结合区域用地情况，进行低影响开发技术措施组合使用，主要采用植被浅沟、砾石沟、盖箅 U 形槽、雨水花园、雨水塘、雨水池与潜流湿地等技术措施（图 5-81）。利用原建筑顶板排水设计，顶板找坡，将渗透雨水导至雨水导管内，雨水导管采用成

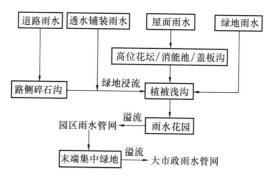

图 5-81　技术流程图

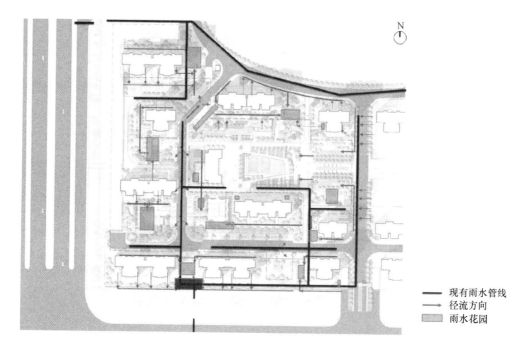

图 5-82　地表雨水系统组织（含雨水管网衔接）关系图

品排水管，雨水导管找坡就近接入室外雨水管网。9 号楼周边雨水导管的雨水接至北侧下凹式绿地内直接入渗，南侧雨水导管接至南侧塑料蓄水模块水池内，回用于场地冲洗和绿地浇灌（图 5-82、图 5-83）。

依据土地使用状况、排水界线和排水坡度，共划分 9 个汇水分区（图 5-84）。

本项目主要通过透水铺装及雨水花园、下凹式绿地等设施下渗减排，通过调蓄池实现雨水收集回收利用，综合达到海绵城市建设各项规划目标。LID 设施平面布置如图 5-85 所示。

室外道路不设置雨水口，雨水径流主要依靠植草沟、卵石沟、排水沟等断接至 LID 设施后溢流接入室外雨水管网，植草沟、卵石沟、排水沟及溢流口排泄水能力按 3 年一遇重现期标准进行设计（图 5-86）。

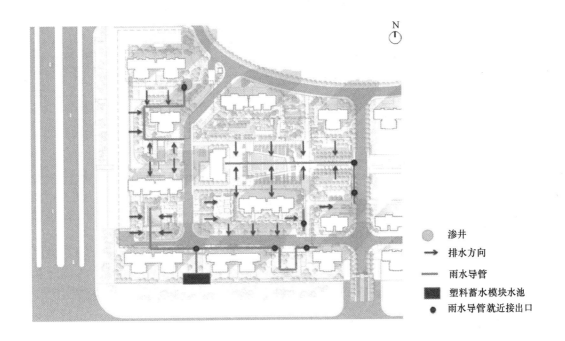

渗井

→ 排水方向

—— 雨水导管

■ 塑料蓄水模块水池

● 雨水导管就近接出口

图 5-83　地库顶板渗透雨水排水组织图

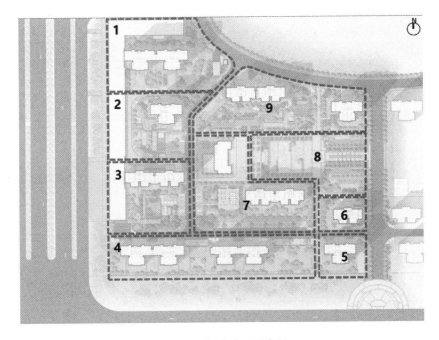

图 5-84　汇水分区示意图

利用场地排水末端的集中绿地，作为超标雨水径流的调蓄空间，将超标雨水滞留在这部分绿地中，溢流及泄空雨水接至市政雨水管网（图 5-87）。

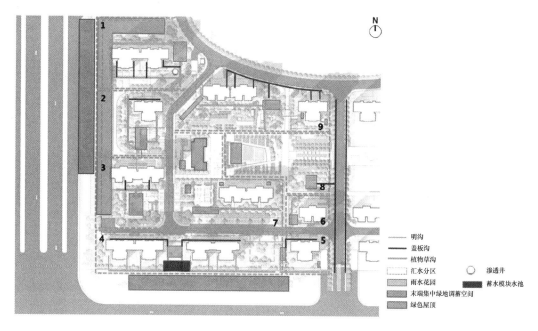

图 5-85　项目 LID 设施平面布设图

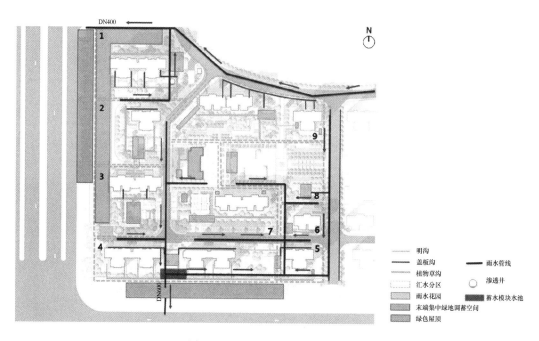

图 5-86　LID 设施雨水管网衔接

天福和园一期 B 区，LID 设施专项投资总价 387 万元，具体设施价格如表 5-9 所示。

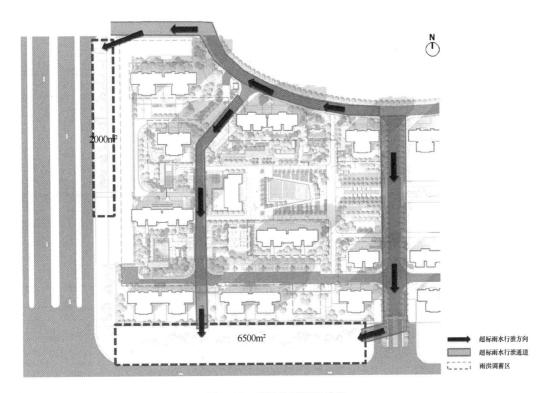

图 5-87　超标暴雨行泄路径

LID 设施建设费用表　　　　　　　　　　　　　　　表 5-9

设施名称	数量	单价（元）	合计（万元）
绿地	20900m²	50	105
雨水花园	1270m²	600	76
植被浅沟	1100m	150	17
碎石沟	1460m	50	7
透水铺装	7630m²	180	137
盖板沟	420m	300	13
排水暗沟	45m	500	2
PP 蓄水模块水池	100m³	3000	30
总计	387 万元		

天福和园 B 区景观建设总投资 1815.4 万元，其中包含海绵建设投资，海绵建设成本增量 87.41 万元，建设成本增量占景观总建设成本的 4.81%；运营维护增量 9.95 万元，运营维护增量占景观总建设成本的 0.55%（表 5-10、表 5-11）。

建设成本增量估算 表 5-10

设施名称	数量	设施建设单价（增量）（元/m，元/m²）	合计（万元）
绿地（m²）	20900	2	4.18
雨水花园（m²）	1270	175.44	22.28
植被浅沟（m）	1100	80	8.8
碎石沟（m）	1460	50	7.3
透水铺装（m²）	7630	0	0
盖板沟（m）	420	300	12.6
排水暗沟（m）	45	500	2.25
PP蓄水模块水池（m³）	100	3000	30
合计（万元）		87.41	
占比（%）		4.81	

运营维护增量估算 表 5-11

设施名称	数量	运营维护单价（增量）（元/m，元/m²）	合计（万元）
绿地（m²）	20900	2	4.18
雨水花园（m²）	1270	5.26	0.66802
植被浅沟（m）	1100	2	0.22
碎石沟（m）	1460	8.68	1.26728
透水铺装（m²）	7630	4	3.052
盖板沟（m）	420	10	0.42
排水暗沟（m）	45	10	0.045
PP蓄水模块水池（m³）	100	10	0.1
合计（万元）		9.95	
占比（%）		0.55	

4. 成效评估

天福和园通过LID设施的建设，有效实现了85.6%的年径流总量控制率指标，SS削减率为61.76%~89.64%，径流峰值削减率达24.1%，且径流峰值滞后约2min。不仅能解决小区内排水内涝等问题，而且作为城市源头地块，削减了径流峰值流量，降低了市政雨水管网的压力。相比其他传统建设楼盘，天福和园提高了居民入住的舒适性、亲水性，提升了居民的满意度与幸福指数，增加了购房者和租客的人数，带动了该片区的发展。

（1）典型LID设施及本地特色技术

① 下凹式绿地

通过微地形改造，具有一定的调蓄容积，可用于调蓄径流雨水的绿地对现状扰动小，适用区域广，其建设费用和维护费用均较低（图 5-88、图 5-89）。

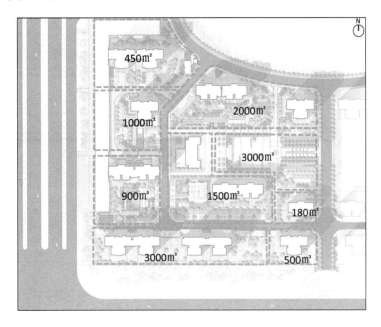

图 5-88 天福和园下凹式绿地平面分布图

图 5-89 下凹式绿地示意图

② 植草沟

通过种有植被的地表沟渠，收集、输送和排放径流雨水，建设及维护费用低，易与景观结合（图 5-90、图 5-91）。

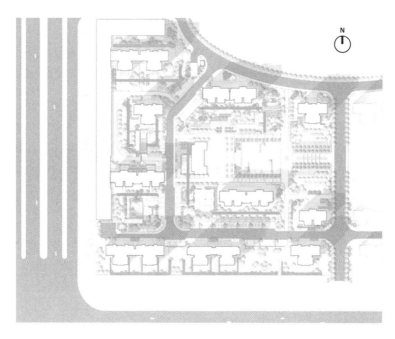

图 5-90　天福和园植被浅沟平面分布图

图 5-91　植被浅沟做法效果示意图

③ 雨水花园

通过植物、土壤和微生物系统实现蓄渗、净化径流雨水的设施，形式多样、适用区域广、易与景观结合，具备较强的径流总量和径流污染控制效果，建设费用与维护费用较低（图 5-92～图 5-94）。

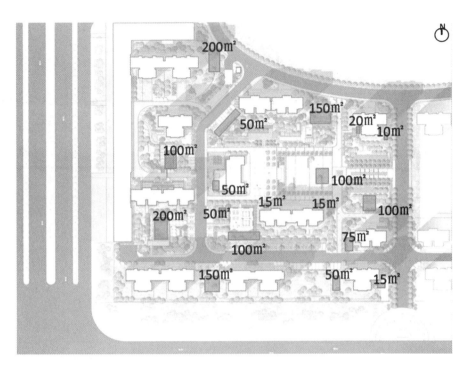

图 5-92 天福和园雨水花园平面分布图

图 5-93 雨水花园 a 做法效果示意图

既有居住建筑小区海绵化改造关键技术指南

图 5-94 雨水花园 b 做法效果示意图

（2）效益分析

通过雨水花园、植草沟、砾石沟等设施，COD、SS、NH₃-N 等径流污染物显著减少，可折算经济价值约 35.6 万元；雨水蓄水池中收集雨水可被回收利用，可利用量约 1.04 万 m³/年，按 3.4 元/m³ 计算，每年可节约费用 3.4 万元；LID 设施雨水蓄存可减少小区内绿地的浇灌量，比传统用水降低了约 30% 的水资源消耗，一年约减少 3 万元；小区雨水下渗还可用作地下水回补，相比于传统开发模式，每年增加下渗量约 1.87 万 m³，按 3.4 元/m³ 计算，每年可产生 6.3 万元的经济效益。

场区海绵设施进行多样性植物搭配，除前述效益外，增加的绿化覆盖率还起到良好的空气调节功能，缓解城市热岛效应，减少小区碳排放。经评估，小区内种植的树木可固碳 8.9t/年，减少温室气体排放 15.5t/年，可转换经济价值约 1.9 万元/年（表 5-12），建成后效果如图 5-95～图 5-99 所示。

径流污染效益分析   表 5-12

雨水总量（m³）	径流总量（m³）	径流削减量（m³）	COD削减量（t）	SS削减量（t）	NH₃-N削减量（t）	TN削减量（t）	COD削减（万元）	NH₃-N削减（万元）
36400	20384.00	17407.94	3.76	8.70	0.06	0.15	35.16	0.44

图 5-95　室外大尺度下凹式绿地景观

图 5-96　多样化室外雨水花园形式

图 5-97　多样化硬质地面雨水断接形式

图 5-98　雨水立管断接至室外高位花坛

图 5-99　天福和园中央集中下凹式绿地俯瞰图

5.6　案例 6　固原山城名邸小区

项目名称：山城名邸——固原老旧小区海绵改造

设计单位：北京雨人润科生态技术有限责任公司、中国市政工程西北设计研究院有限公司

建设单位：宁夏首创海绵城市建设发展有限公司

施工单位：北京市政四建设工程有限责任公司

咨询单位：北京雨人润科生态技术有限责任公司

案例供稿：俱晨涛、李琳、王宇

1. 工程概况

固原市位于宁夏回族自治区南部，是我国第二批海绵试点城市之一，地处黄土高原暖温半干旱气候区，为湿陷性黄土地质，干旱少雨，多年平均降水量 492.2mm，春季和夏初雨量偏少，灾害性天气多，区域降水差异大。

山城名邸小区位于固原市老城区合流制排水区域，属于饮马河排水分区源头老旧小区综合改造项目，占地面积约 9.36ha。小区外围市政排水管网排水能力较低（0.5～1 年一遇），小区内的基础设施和景观建设亟待提高与完善，针对以上情况进行综合海绵改造。改造内容包括 LID 建设、雨水调蓄设施建设、管网改造、景观修复和提升等。

2. 存在问题

（1）气候及降雨条件

项目位于宁夏回族自治区固原市，是典型的半干旱地区和湿陷性黄土地区。降雨量少且不均匀，夏旱秋涝，暴雨强度大而短促，黄土疏松，遇暴雨快速形成高含沙量径流，营造适应性雨水景观存在困难和挑战。

（2）绿化环境

项目属于老旧小区，可利用绿地少，硬质铺装面积大，可利用的雨水调蓄空间十分有限。

（3）休闲需求

小区的基础设施落后，不能满足居民日常休闲与生活的需求。小区内存在道路破损、停车位不足以及缺乏休闲、运动空间等问题。

（4）雨水系统

小区内为雨污合流，存在污水臭味问题，雨水未能得到有效利用。

（5）排水系统

小区内局部区域低洼，存在内涝积水、排水不畅等问题。小区外围市政排水管网能力较低（0.5～1年一遇），遭遇强降雨时，下游管网压力大，常出现顶托、冒水、内涝等情况。

3. 改造方法

项目综合考虑场地现状问题、居民需求和相关总体要求，提出此次海绵改造目标。采用源头削减—中途管网分流—末端调节、调蓄总体控制的海绵改造系统思路，实现小区年径流总量控制在85％的目标要求，排水管网排水能力提升至2年一遇，可应对30年一遇暴雨内涝风险。同时，响应固原市政府宏观调控要求，结合海绵改造，对小区基础设施、休闲空间以及种植绿化等做出相应的景观提升，达到人居环境改善的目标。

项目遵循因地制宜、绿色优先、灰绿结合原则，具体为：

（1）保证建筑（构筑物）安全距离条件下，结合卜垫面与绿地分布情况，优先考虑集中绿地改造，小型绿地次之。

（2）建筑周边无可利用绿地时，优先考虑雨水桶回用设施；

（3）经以上原则源头设施布设核算后，仍无法满足海绵规划目标要求时，结合雨污分流改造雨水管网条件及小区绿化灌溉需求规模，末端增加雨水蓄水池回用系统；

（4）根据场地竖向、雨天调研及历史降雨内涝积水数据与模型分析，考虑地块特殊地质条件及居民要求，布设多功能雨水调节广场。

综上，项目设计方案从海绵设施系统设计框架（图5-100）、源头设施类型及平面布置（图5-101）、雨污管网分流、末端蓄水池、多功能调节广场等灰色设施设计（图5-102）几方面做出相应的解决对策。同时方案充分考虑居民的生活休闲需求，融入广场铺装、停

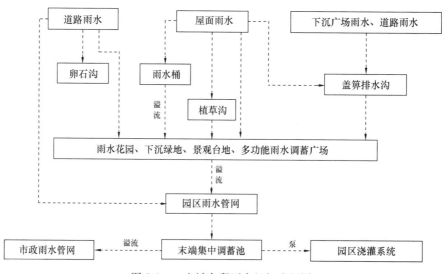

图5-100 山城名邸雨水组织流程图

车空间、竖向优化、必要的游憩设施（尤其是儿童设施）、小区绿化提升等多项景观设计内容，打造综合性的海绵改造小区。

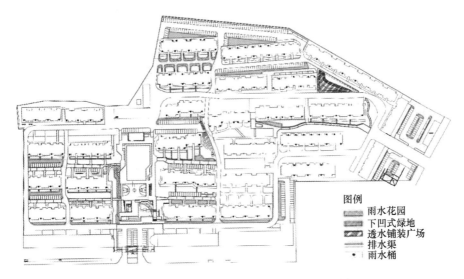

图 5-101　山城名邸小区源头设施布局平面图

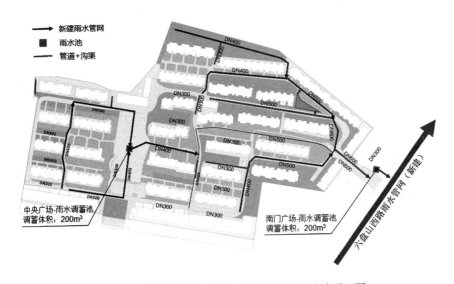

图 5-102　山城名邸小区雨水管网及蓄水池设计平面图

改造内容包括：碎石沟 360.20m，下凹式绿地 3022.1m²，雨水花园 378.57m²，铺装改造面积（包括广场）47327.61m²，改造停车位 418 个，雨水管网约 2500m，雨水桶 142 个，多功能调节广场 1 个（50 年一遇），两个雨水调蓄池（每个约 200m³）以及小区重要道路和广场照明改造。

4. 改造成果

项目建成后，实现小区小雨不湿鞋、暴雨不内涝积水、污染可控制、资源有回用的效果目标要求，地块年径流总量控制率达到 85％的目标控制要求。此外，完成基础设施更新、小区景观提升，满足居民户外休闲活动需求（图 5-103）。

图 5-103　山城名邸小区建设效果图

本项目海绵综合改造具有两大亮点：中央休闲广场的景观及雨水综合改造、三角多功能雨水调节广场。

（1）中央休闲广场的景观及雨水综合改造

中央广场西侧台地式滞蓄绿地利用现有的高差，结合周边雨水管网条件，设计可控制台地式绿地西侧约 25265.2m² 区域及广场半幅的汇流雨水（图 5-104），同时兼做多功能下凹式广场，可应对超强极端天气暴雨（50 年一遇）不内涝，保证小区安全。

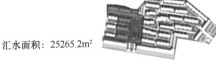

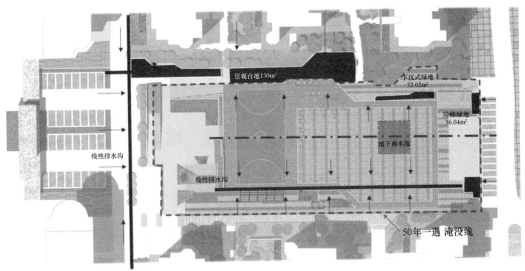

图 5-104　台地式绿地汇水情况说明图

台地式绿地设计与中央广场竖向优化、台阶坡道设计、游憩设施、种植设计等紧密结合在一起，共同打造海绵改造、休闲游憩、便利步行为一体的社区广场（图 5-105、图 5-106）。

图 5-105　中央广场改造后照片（一）　　　　图 5-106　中央广场改造后照片（二）

（2）三角多功能雨水调节广场

多功能雨水广场利用设施场地处于片区最低点的地势特征，选择灰色雨水设施形式，将原有高位绿地改造成下凹式广场，联动片区管网改造，解决低点内涝积水问题，实现区域雨水延时调节，同时增加居民日常休闲的空间，满足小型聚会、聊天、休憩等户外休闲要求，也规避了自重湿陷性黄土地区绿色海绵设施安全防渗问题。多功能雨水广场下凹深度1.45m，实现约18600m² 区域的雨水延时调节和目标降雨量的污染控制，可应对50年一遇降雨内涝风险。多功能雨水广场通过截雨沟、沉泥井、弃流管、砂滤池、多功能调节广场、多级溢流井、暗沟等设施组合，实现区域雨水动态的多级延时调节（图5-107～图5-112）。

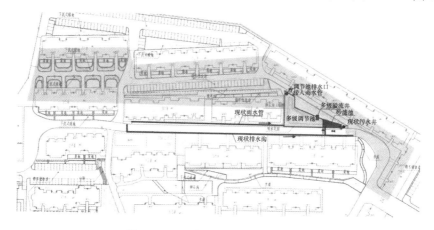

图 5-107　雨水多功能广场汇水片区

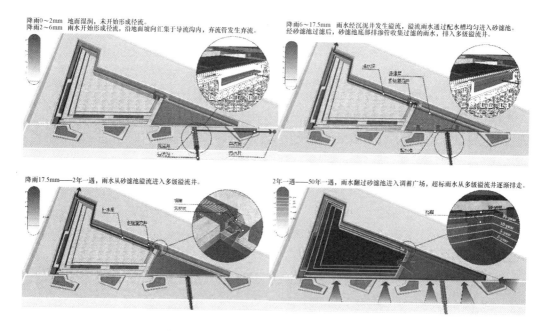

图 5-108　多功能雨水调节广场运行工况说明

监测方案：

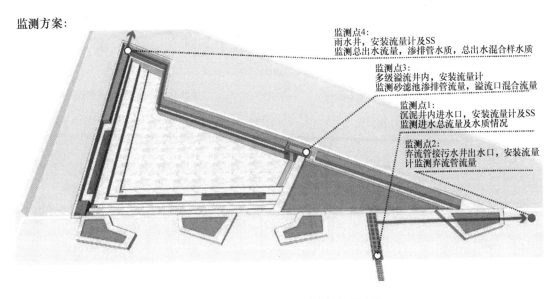

监测点4：
雨水井，安装流量计及SS
监测总出水流量，渗排管水质，总出水混合样水质

监测点3：
多级溢流井内，安装流量计
监测砂滤池渗排管流量，溢流口混合流量

监测点1：
沉泥井内进水口，安装流量计及SS
监测进水总流量及水质情况

监测点2：
弃流管接污水井出水口，安装流量
计监测弃流管流量

图 5-109　多功能雨水调节广场监测方案

运维方案：1.整体设施：优先运维重要设施，雨季前后及每场降雨（超6mm降雨）进行巡视

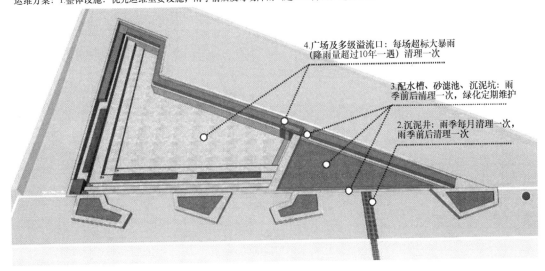

4.广场及多级溢流口：每场超标大暴雨
（降雨量超过10年一遇）清理一次

3.配水槽、砂滤池、沉泥坑：雨
季前后清理一次，绿化定期维护

2.沉泥井：雨季每月清理一次，
雨季前后清理一次

图 5-110　多功能雨水调节广场运维方案

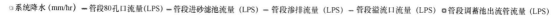

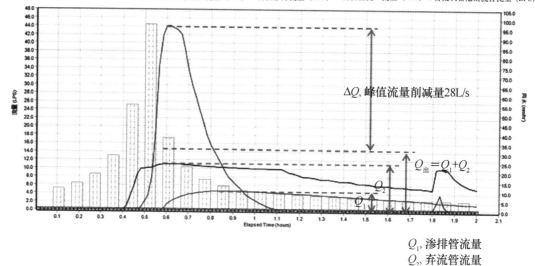

图 5-111 2 年一遇 2 小时降雨模拟

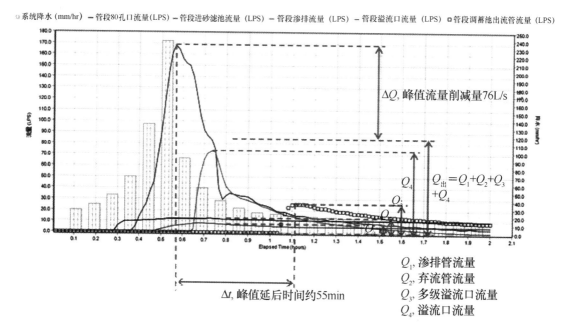

图 5-112 50 年一遇 2 小时降雨模拟

5.7　案例 7　池州南湖苑小区

技术咨询单位：北京市雨人润科生态技术有限责任公司
建设单位：池州市城市建设重点工程管理办公室
设计单位：北京建工建筑设计研究院
施工单位：安庆市晶海建设有限公司
养护单位：池州市城市建设重点工程管理办公室
案例供稿：刘强、李贞子、李琳

1. 项目概况

池州市是一座山水城市，位于安徽省西南部，市域内水系众多，气候温暖，四季分明，雨量充足，多年平均降雨量为 1483mm，平均降雨天数 83d，于 2015 年成为全国首批 16 个海绵城市建设试点城市之一。

南湖苑小区为池州市最早的一个回迁安置房小区，位于石城大道与升金湖路交界位置，南侧和西侧被清溪河包围，同时小区南侧有一片公共绿地被居民开垦为菜地，小区位于生态敏感区，有分流制雨水排口直接排入清溪河（图 5-113、图 5-114）。本次主要是针对南湖苑小区进行改造，同时为片区统筹建设海绵城市，达到水质、水量的控制目标，对清溪河驳岸—南湖苑段立项为单独项目进行建设。

南湖苑小区内共有 1546 户，占地面积 12.9ha（包含小区南侧及自建房区域），绿地面积 4.7ha，道路及硬化广场面积 4.4ha；小区停车位改造前共有 160 个。改造前，小区存在阳台废水混流、小区积水、地面径流污染严重、交通组织与停车混乱、景观陈旧等问题。项目设计以海绵城市改造为依托，以居民诉求为设计出发点，整体解决小区雨水管理、景观休闲及市政等问题，既达到海绵城市建设规定的改造目标，也优化小区景观服务功能，提升区域的环境品质，为小区居民提供了良好的生活环境。

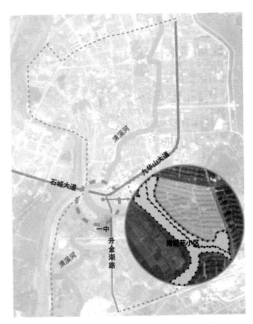

图 5-113　南湖苑小区区位图

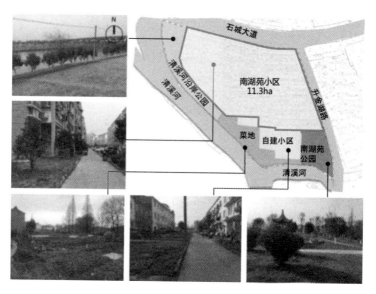

图 5-114　南湖苑小区周边用地情况

2. 存在问题

小区在进行海绵城市改造前，主要存在局部积水、建筑淹水、径流污染严重、阳台废水混接、绿化景观差、停车位不足、基础设施不完整等问题。在海绵城市改造项目设计之初，通过对小区内居民进行大量民意调查，对现状问题和居民诉求有了清晰了解，结合场地踏勘情况，综合确定设计方向和建设内容。

（1）居民诉求

小区居民主要在建筑防水整修、道路交通优化、休憩场所提供、基础设施以及小区安全管理等方面有强烈诉求（图 5-115）。

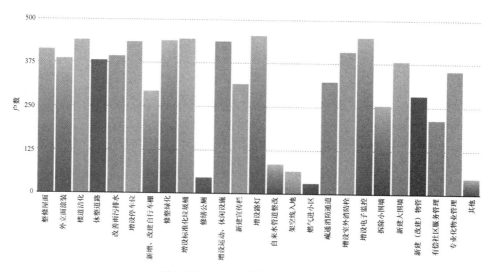

图 5-115　小区改造民意调查汇总

（2）小区积水问题

小区在改造前存在严重积水问题，一部分是道路排水设施破坏，导致雨水排除不及时，道路积水；另外一部分是在建筑周边，由于原有建筑标高比道路低，路面径流汇集到单元入口位置，且单元门口雨水口堵塞，导致下雨时单元门口被淹；还有一部分积水是在建筑散水与原有高绿地衔接位置，由于绿地标高较高，绿地汇水至建筑散水位置，排水不畅，散水位置长期积水，防水遭到破坏，进而导致地下室进水。

（3）阳台废水直排问题

由于池州地处江南，居民由来已久的习惯是在住家阳台洗衣、洗菜等，将阳台废水全部私接至建筑雨水立管，雨水立管直排至地面，在非降雨期间，普遍出现雨水立管排出废水的情况，对小区景观环境造成影响，同时直排的废水最终汇流至雨水口造成雨污合流（图 5-116）。

图 5-116　小区阳台废水直排情况

（4）小区径流污染问题

由于是回迁安置小区，加之建设年代较久，地面破损情况和绿地水土流失情况较为普遍，同时由于小区环境保护不到位，大面积广场等区域存在小商小贩，造成地面污染严重。在降雨时，小区内地表径流污染程度较高，原有小区雨水排水管最终直排入清溪河，对清溪河水质影响较大。此外，在自建房区域，居民私自开垦的菜地存在严重的农业面源污染和种植沤肥等情况，在降雨时都会造成严重的径流污染（图 5-117）。

图 5-117　小区径流污染情况

（5）小区交通组织混乱

小区建筑设计时对居住人数和未来发展预计不足，导致现状小区出入口偏少，同时小区内部交通组织混乱，造成车行人行不便。尤其在小区东入口和菜市场区域，长期出现堵车和交通混乱的情况（图 5-118）。

图 5-118　小区交通组织情况

（6）小区停车位不足

小区原有规划车位严重不足，加之小区内有很多大货车进出，进一步占用了小车停车位，居民只能占用小区主干道两侧停车，对小区安全和消防通道造成隐患。改造前小区停车位配比仅为 0.1，远低于国家要求的 0.5 的标准。除了路侧停车外，小区内还普遍存在绿地停车问题，造成雨季时绿地水土流失严重，径流污染直接对清溪河水质造成影响。

（7）小区景观环境差

改造前小区内大面积绿地已没有绿化种植，同时局部人行广场被停车占用，小区居民缺少休闲游憩空间。同时两个大广场上均有小商贩摆摊情况，对小区环境造成严重影响。

3. 改造方法

本项目以场地雨水管理为切入点，综合考虑环境与人的双重需求，意在通过优化的设计控制整体改造成本，以满足海绵城市建设的功能要求，同时也提升小区景观品质和居民获得感，最终打造一个可推广可复制的老旧小区经济性海绵改造示范。设计目标为：

① 年径流总量控制率 75%（设计降雨量为 26.8mm）；

② 结合现状排水管网，综合达到 3～5 年一遇的排水标准；

③ 通过有效的地形设计与局部防涝设施提升小区防涝能力；

④ 解决建筑基础渗水现象，解决阳台废水与雨水混接现象，解决部分建筑首层内涝问题。

本项目综合考虑场地现状条件和改造的适宜度，选择合适的海绵设施，根据汇水面积确定设施规模。考虑到小区现状雨水排水管网是 2014 年改造完成的，排水体系尚好，同时考虑到建设成本，对小区道路和原有排水管网基本不做改造，只对局部排水设施破坏和需要增加排水的位置进行管网建设。在建筑周边尽可能利用现状绿地改造设置海绵设施，收集建筑屋面雨水和部分场地汇流雨水；建筑北侧由于是单元入口，因此沿用原有排水系统，将雨水汇入到排水管网后，在末端对管网进行截流，最终确定在小区南侧自建区菜地位置设计 900m³ 末端调蓄池进行集中调蓄（图 5-119、图 5-120）。

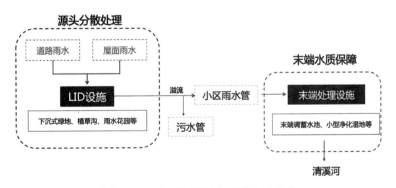

图 5-119　小区海绵城市改造技术路线

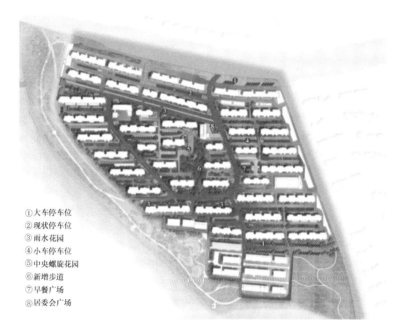

①大车停车位
②现状停车位
③雨水花园
④小车停车位
⑤中央螺旋花园
⑥新增步道
⑦早餐广场
⑧居委会广场

图 5-120　小区海绵改造设计平面图

（1）阳台洗衣废水弃流

通过对每个建筑的雨水立管位置和现状情况进行调查，对单根雨水立管承担的单次洗衣废水排放强度进行计算，同时结合建筑周边现状雨水、污水管位置和管径，确定对阳台洗衣废水通过新建一根污水支管接入周边污水干管，将旱季阳台废水全部弃流进入污水系统；当降雨时，雨水立管弃流池内雨水溢流进入到周边的海绵设施，通过植草沟或下凹式绿地、雨水花园等进行滞蓄和净化处置（图 5-121、图 5-122）。

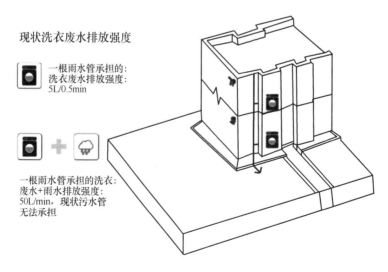

现状洗衣废水排放强度

一根雨水管承担的：
洗衣废水排放强度：
5L/0.5min

一根雨水管承担的洗衣
废水+雨水排放强度：
50L/min，现状污水管
无法承担

图 5-121　阳台洗衣机排水现状

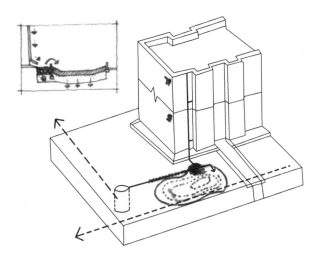

图 5-122　阳台洗衣机废水弃流

（2）雨水花园

老旧小区海绵改造以问题为导向，以解决小区实际问题为出发点，同时在改造过程中对场地雨水进行滞蓄处置，满足海绵城市建设目标，小区内改造的海绵设施也为小区景观带来提升效果。在建筑周边利用现状绿地空间改造雨水花园，对建筑屋面和周边硬质地面汇流的雨水进行滞蓄处置。同时通过合理的种植设计，增加小区景观种植环境（图 5-123）。

图 5-123　建筑周边雨水花园设计图

（3）植草沟、下凹式绿地

植草沟的作用主要是转输雨水立管弃流井溢流出来的雨水，或者是将开口路缘石处汇流进来的路面雨水径流进行转输，输送至集中的下凹式绿地区域，集中滞蓄和入渗。通过沿路植草沟的转输，一方面将流速降低，另一方面对雨水径流进行初期沉淀和净化（图 5-124）。

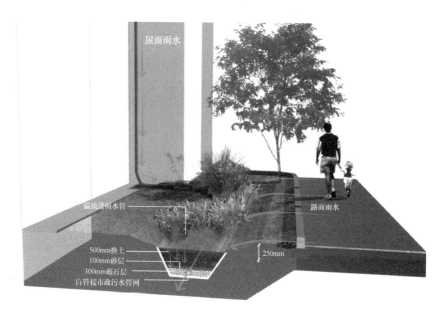

图 5-124　植草沟设计图

（4）停车位及出入口优化

在海绵设施设计过程中，利用原来小区高绿化率的条件，在建设海绵设施的绿地周边适当增加停车位，避免后期二次开挖。建设后能协调现有海绵设施设计，满足居民停车需求。同时对小区出入口及进出流线进行优化，避免改造前的混乱通行状态。通过上述设计，为小区增加了 346 个小车停车位，并为大型货车新增了 12 个大车车位（图 5-125）。

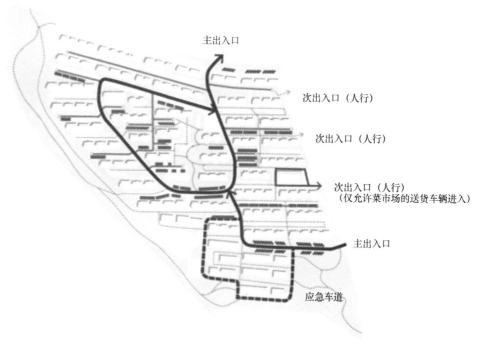

图 5-125　小区停车位及出入口优化设计

（5）重要区域景观设计

① 中心广场——螺旋花园

改造前的中心广场已被占用为大车停车位，同时还面临着广场低洼区域积水、景观种植和整体环境差、居民活动和停留空间不足、地面铺装破损严重等问题。主要考虑的设计原则如下：

经济性——利用原有结构，下挖土方就地填方微地形。

展示性——雨水收集过程可见，增加科普教育意义。

整体性——形式追随功能，地形与活动设施结合（图5-126、图5-127）。

图 5-126 中央广场现状

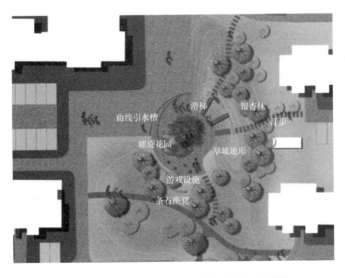

图 5-127 中央广场——螺旋花园设计方案图

具体设计内容：

a. 中心广场收集场地周边雨水，展示雨水收集过程，增加科普解说系统。

b. 增加儿童滑梯和条石座凳。

c. 优化了道路系统，避免因交通踩踏草坪。

d. 优化了乔木，将现状长势不好的银杏移栽，保留樟树，增加乌桕等优势树种。

② 居委会门前绿地

考虑到小区内的居委会为小区居民聚集地之一，为加强海绵城市在小区内的宣传教育，设计过程中结合居委会门前广场和绿地情况，将门前广场改造为透水混凝土材质，并在广场西侧新增停车位；将原有高绿地改造为雨水花园，并在雨水花园内进行有效的植物配置，保证良好的景观效果（图5-128、图5-129）。

图 5-128　居委会门前广场现状

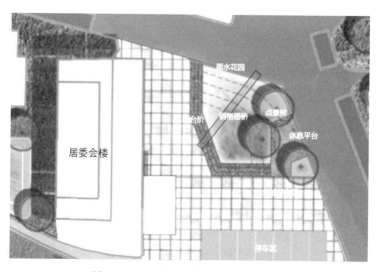

图 5-129　居委会门前广场设计效果图

具体设计内容：

a. 增加小广场的绿地面积，设置雨水花园，收集道路的地表径流。

b. 增加座凳，满足休憩需求。

c. 设置钢格栅桥，解决雨水花园两端的交通连接问题。

d. 在休息平台区域种植大冠乔木，形成林荫。

③ 休憩空间建设

结合海绵城市改造，将原本景观效果较差的绿地改造为铺装地面，同时为小区居民提供一个休闲广场，增加小区居民与海绵设施的亲近感。从建设后效果来看，这部分海绵设施和场地空间最吸引小区居民休憩和停留（图 5-130）。

图 5-130　现状荒废绿地

（6）末端调蓄池和配套湿地

小区西侧及南侧现状共有三个雨水排口直接排入清溪河。小区海绵城市改造方案通过新设一根截流管线，将现状两个雨水排口的雨水截流至地下雨水调蓄池中。

在自建房菜地区域设置末端调蓄设施，雨水调蓄池容积为 $900m^3$，同时在水池周边建设配套的人工湿地，主要目的是将雨水调蓄池内的雨水经过生态净化后再排至清溪河内，保证清溪河的入河水质。具体方案为：通过提升泵提升进入雨水湿地，经过四级潜流湿地的净化处置后进入表流湿地，表流湿地溢流部分进入湿地区域西侧的下凹式绿地内，最终通过绿地竖向漫流至清溪河中。非雨季时，为了保证湿地的正常运行，采用清溪河取水的方式将河水提升至湿地内，经过净化处置后再回补清溪河（图 5-131）。

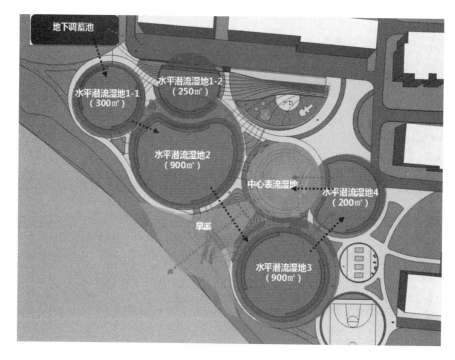

图 5-131　末端雨水调蓄池和净化湿地

4. 改造成果

　　本小区为老旧回迁小区，是低成本老旧小区海绵改造的典范。海绵改造紧密结合当地居民生活诉求，以小区整体环境提升作为出发点，打造居民可观、可用、可玩的住宅景观。该项目充分运用"源头＋末端""灰色＋绿色"的管控理念，解决洗衣废水的弃流排放和对场地空间的有效利用，利用小区中央广场、居委会门前广场和小区西侧废旧场地，将海绵设施与居民活动空间相融合，丰富小区生活空间。小区在海绵城市改造后，获得居民的一致赞同，本项目的成功也为池州市老旧小区海绵城市改造积累了宝贵的经验（图 5-132～图 5-137）。

图 5-132　雨水立管改造后实景

图 5-133　小区雨水花园实景

图 5-134　植草沟和下凹式绿地实景

图 5-135　中央广场改造后效果

图 5-136　居委会门前广场改造后效果

图 5-137　荒废绿地改造为休憩广场后实景

5.8 案例 8 深圳石云村小区

项目名称：深圳市南山区石云村老住宅小区综合整治工程
设计单位：深圳市物业国际建筑设计有限公司
建设单位：深圳市南山区蛇口街道办事处
案例供稿：胥瀚、林赞

1. 工程概况

深圳位于我国南部海滨，于 2016 年入选国家第二批海绵城市建设试点，深圳属亚热带海洋性气候，雨量充足，年平均降雨总量为 1935.8mm。根据深圳市九大流域内河流水系的位置、流向，结合地形分区、竖向规划、规划排水管网，分为二十五个管控片区。本项目位于蛇口片区。

石云村位于深圳市南山区蛇口新街 148 号，小区建成于 20 世纪 80 代末，属于典型的老旧住宅小区，占地面积约 1.3 万 m^2。

2017 年初，蛇口街道办对石云村进行老旧住宅区综合整治改造工作，资金来源于政府投资，项目总投资约 900 万元，其中海绵设施改造部分约 60 万元，项目根据小区实际，因地制宜开展并完成下凹式绿地建设 1662m^2，透水砖铺设 832m^2，停车位植草砖铺设 75m^2 等。

2. 存在问题

石云村小区面临面源污染严重、排水不畅、内涝风险、管道错接漏接等多种问题。

3. 改造方法

本项目主要通过立面刷新、道路整治、设置 LID 设施、划定停车位、丰富绿化种植、更换雨水口等措施对小区进行改造提升，具体包括（图 5-138）：

（1）下凹式绿地，根据现场地形条件，在建筑北侧设置下凹式绿地，绿地中设置溢流井，在路缘石上开疏水孔，路面的雨水通过疏水孔排至下凹式绿地，向地下渗透，当水量超过地下吸收能力后，剩余的雨水溢流进溢流井中，排入雨水检查井。

（2）雨水管道断接，原直接接入雨水井的屋面雨水立管，在其距散水坡以上 10cm 处截断，使雨水直接散排至下凹式绿地。

（3）植草砖，增加停车场植草砖铺设。

（4）透水铺装，增加人行道、非机动车道透水砖铺设。

（5）绿化种植，增加乔木、灌木种植，丰富绿化层次，提升环境品质。

（6）检查井，原水泥路面上的检查井在拆除路面时会松动、损坏，重新安装加固，并与新路面调平。

（7）雨水箅子，个别雨水箅子因路面拓宽较大而远离路边的，调整向路边移近。

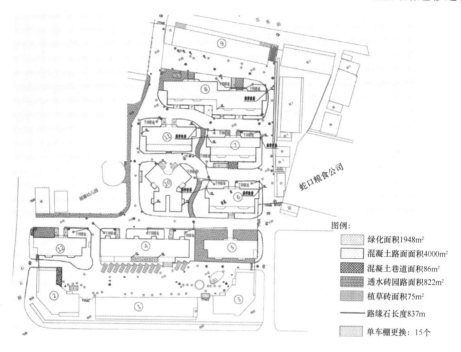

图 5-138　石云村海绵城市改造设施布局平面图

4. 改造成果

经过海绵化改造，达到了环境提升、排水达标、生态示范的目的，石云村小区成为深圳市老旧住宅小区海绵城市建设的典型案例，并在 2017 年国家海绵城市中期督察中，获得了专家的充分肯定，建成实景见图 5-139～图 5-144。

图 5-139　小区内划分停车位并改造为透水的嵌草砖铺装

图 5-140　人行道改造为彩色透水砖

图 5-141　道路立道牙开口实景图

图 5-142　下凹式绿地实景图

图 5-143　雨水立管断接实景图

图 5-144　植物提升、雨水口改造实景图

5.9　案例 9　深圳冈厦 1980

项目名称：深圳市岗厦村冈厦 1980 绿色屋顶海绵改造项目
建设单位：深圳市桃花源生态保护基金会、大自然保护协会（TNC）
设计单位：筑博联合公设（公益支持）、深圳市城市规划设计研究院（公益支持）
案例供稿：张薰予、虞鑫

1. 工程概况

冈厦 1980 是一栋位于深圳市福田区岗厦村东二坊的单体农民楼，建于 1980 年，并于 2016 年被改造为青年公寓（图 5-145）。该地块属于村集体用地，建筑本身属于个人物业，在获得农民楼原业主及村集体有限公司支持后，对其屋顶进行改造。该栋硬化屋顶总面积为 182m²，改造内容包括绿色屋顶建设、雨水收集回用设施，改造历时 3 个月，并于 2018 年春建成交付。该项目作为公益项目，获得了专业建筑设计师、海绵城市专家的公益支持，并获得桃花源生态保护基金会资助，由大自然保护协会（TNC）统筹完成，探索"政府引导、社会出资、公益机构牵头、社区参与"的海绵城市社会参与新模式，该项目总投资约为 15 万元。

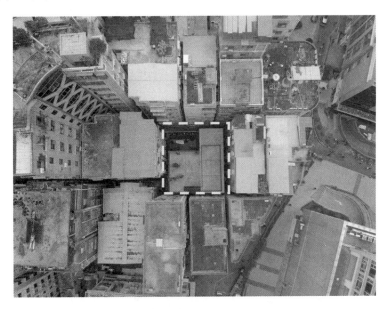

图 5-145　冈厦 1980 所在位置及四周环境

2. 存在问题

改革开放后，由于经济发展和城市扩张，深圳的村落随着城市化的发展，变成了高楼大厦之间的"城中村"。据统计，2018年深圳总共有1877个城中村居住单元，占当前深圳住房结构的50%，占深圳建成区面积的52.4%。根据国家标准，到2030年深圳城市建成区80%要达到海绵城市目标要求，依据深圳不同片区雨型和土壤参数，城中村综合整治类项目年径流总控制率目标设定在45%～55%之间，以此为目标，城中村的海绵改造任重道远。

整体规划方面，由于城中村村内大多数缺少规划和管理，不少村民为追求利益不断加盖违章建筑，导致农民楼密集拥挤，楼栋之间多数道路狭窄，仿佛城市中的水泥森林一般，加上基础设施不完善，排水管道布线杂乱无章，存在雨洪内涝严重且不易整治的问题。

绿化环境方面，城中村内严重缺少绿色空间，地面也没有多余的空间用于改造，一方面无法给居民提供良好的居住环境，另一方面加剧了城市的热岛效应，以及缺少应对台风、瞬时暴雨等极端天气的能力。

针对这一现状，桃花源生态保护基金会、大自然保护协会（TNC）选取岗厦村中的一栋青年公寓冈厦1980作为试点，探索城中村海绵城市改造环境的可行性。冈厦1980四周被楼房紧密包围，楼与楼之间的距离为1～5m，房屋周边极度缺少绿化空间，影响了人居环境，且暴雨时，城中村老旧的地下管道设施容易产生内涝积水的问题，给居民生活带来不便，改造前后对比见图5-146、图5-147。

图 5-146 冈厦 1980 屋顶改造前全貌

图 5-147　冈厦 1980 屋顶改造后全貌

3. 改造方法

项目结合城中村农民楼的特点,因地制宜,在建筑物屋顶设计绿色屋顶,通过设施合理的布局,使建筑产生的雨水径流分层蓄滞,且相互连通,形成系统(图 5-148～图 5-150)。

屋顶花园在规划设计前,必须先通过政府认可的监测机构对该建筑结构与屋顶荷载进行专业鉴定,确定屋顶满足建设绿色屋顶工程所需的荷载要求。在冈厦 1980 自身楼体承重范围内,设计出跨层立体屋顶结构以增大绿化屋面,以钢结构拼接的方式,组合出种植区、平台和阶梯等不同功能模块,既方便维护人员进入种植区清理花园,又为住户提供在花园中步行观赏和停留休憩的空间,同时在屋顶四周通过绿植加高围墙,提高使用安全性,为住户提供一个舒适有保障的活动空间(图 5-151～图 5-160)。

屋顶一共设置 410 个带蓄水模块的种植箱,绿化面积约为 $39.4m^2$,其中每个种植箱由具备蓄水层的种植箱体、具备吸水棉布的挡土格栅和无纺布垫层组成,底部蓄水深度达 5cm,可以有效截存初雨污染较大的部分雨水,减少初期径流。配合雨水收集回收利用系统,在屋顶设计雨水管,将溢流的雨水从屋面收纳至二楼天台的雨水蓄积桶中,回收利用于植物浇灌、日常清洁等。同时在植物景观设计方面,结合深圳气象条件和通过对屋顶 24h 日照记录观察得出的现场微气候分析,以及易维护、低成本和生态多样性等要求,以本地物种为主,塑造了滨海城市主题的园林景观。

径流组织路径

通过合理的设施布局，使建筑产生的雨水径流分层蓄滞，且相互连通，形成系统。

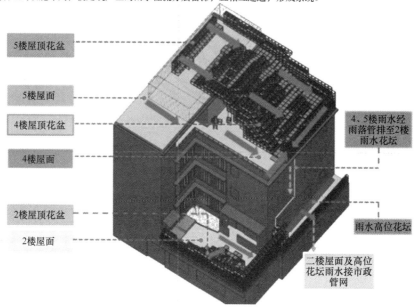

5楼屋顶花盆

5楼屋面

4楼屋顶花盆

4楼屋面

2楼屋顶花盆

2楼屋面

4、5楼雨水经雨落管排至2楼雨水花坛

雨水高位花坛

二楼屋面及高位花坛雨水接市政管网

图 5-148　冈厦1980屋顶径流组织路径

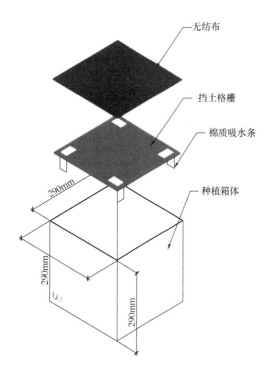

无纺布

挡土格栅

棉质吸水条

种植箱体

290mm

290mm

290mm

图 5-149　屋顶种植箱结构图

图 5-150　二楼平台的雨水桶

4. 改造成果

　　本项目通过屋顶花园的设计，结合具有蓄水模块的种植箱，搭配原有雨水管和二楼雨水桶，形成一个屋顶雨水过滤收集系统，实现了该建筑 65％ 的雨水年径流总量控制率，远超出综合整治类项目要求，有效减缓城中村周边地面排水压力，增强防灾减灾能力和水资源管理能力，同时配套的雨水收集系统运行良好，将雨水有效回收用于植物浇灌与日常清洁。

　　作为海绵城市社会参与项目，在改造建设过程中融合了社区居民的公众参与，项目不仅邀请了住户参与规划设计、种植以及后期运营维护过程，同时还组织了超过 200 人次的大学生、居民志愿者共同参与，共同见证了海绵城市改造在城中村环境中落地的可能性和实用性。同时在项目建成后，屋顶也成为社区自然教育、居民活动的共享场所，组织了多场海绵科普、自然观察、屋顶音乐会、屋顶社区晚宴等多种多样的活动，不仅使冈厦1980 公寓的住户体会到屋顶花园带来的好处，还能让社区居民共享一片难得的绿色空间（图 5-151～图 5-160）。

图 5-151　冈厦 1980 改造后实景图（一）

图 5-152　冈厦 1980 改造后实景图（二）

图 5-153   冈厦 1980 改造后实景图（三）

图 5-154   冈厦 1980 改造后实景图（四）

图 5-155   大学生志愿者在屋顶参与植物种植

图 5-156　居民志愿者在屋顶参与植物种植

图 5-157　夜晚的屋顶成为社区居民的活动空间

图 5-158　不定期举办的居民屋顶晚宴

图 5-159　为社区小朋友提供表演舞台

图 5-160　为社区小朋友提供植物观察的场地

附录 1　调查问卷 A（适用于未改造小区）

一、填表人信息（请在相应的□中打√）

1. 您的年龄：□20 岁以下　□20～40 岁　□40～60 岁　□60 岁以上

2. 您的居住地址：＿＿＿＿＿＿＿＿＿城市＿＿＿＿＿＿＿＿＿小区

3. 您所居住小区的建设年代：

　　□1990 年以前　□1990～2010 年　□2010 年以后

二、海绵化改造问题（可多选）

1. 您所居住的小区在下雨时主要存在哪些排水问题？

　　□屋面漏水　□内涝积水　□污水横流　□地下车库进水　□没问题

2. 您所居住的小区如出现内涝积水现象，您认为主要原因是什么？

　　□雨水口位置不合理、偏少、堵塞　□排水管道能力不足，排水不畅

　　□路面沉降、破损、坑洼　　　　　□短时降雨过大

3. 您所居住的小区如出现水污染现象，您认为主要原因是什么？

　　□污水检查井冒水　　　□餐饮污废水随意倾倒在路面或就近雨水口

　　□冬季融雪剂污染　　　□垃圾未及时清理，随雨水冲刷进入雨水管网

　　□临河洗衣洗菜等　　　□阳台洗衣机排水进入雨水立管散排

　　□开荒种菜粪便农药污染□其他＿＿＿＿＿＿＿＿＿＿＿＿＿＿＿＿＿＿

4. 您是否支持将净化后的雨水用于小区绿化灌溉、景观水体、道路冲洗？

　　□支持，节约水资源　□可以，需保证水质达标　□不支持，有顾虑

5. 您是否希望您的小区进行海绵化改造？

　　□非常希望　　□无所谓　　□不希望

6. 海绵化改造施工过程可能会对您的生活产生一定影响，是否能接受？

　　□理解并支持　□无所谓　　□视影响程度　　□不能接受

7. 对于小区海绵改造，您最希望改造的内容是：

　　□雨污分流　□管道清淤　□屋面修补　□路面修复　□雨水立管断接　□绿化屋顶　□透水铺装　□绿地　□雨水花园　□优化雨水口　□植草沟　□排水沟

　　□雨水桶　□蓄水池　□前置塘　□其他需求：＿＿＿＿＿＿＿＿＿＿＿＿

三、其他改造需求（请优先选择 3 项）

☐优化停车位　☐人车分流　☐路面破损修复　☐增设休息、活动设施

☐雨水立管、雨水井整修更换　☐屋面、地库渗漏水修补　☐增设路灯

☐丰富绿化种植　☐增设标准化垃圾桶　☐完善安防　☐无障碍改造

☐引入物业公司　☐其他需求：_____

附录2　调查问卷B（适用于已改造小区）

一、填表人信息（请在相应的□中打√）

1. 您的年龄：□20岁以下　□20～40岁　□40～60岁　□60岁以上

2. 您的居住地址：_____城市_____小区

3. 您所居住小区的建设年代：

　　□1990年以前　□1990～2010年　□2010年以后

二、海绵化改造问题（可多选）

1. 您所居住的小区在改造前主要存在哪些排水问题？

　　□屋面漏水　□内涝积水　□污水横流　□地下车库进水　□没问题

2. 您对您的小区的海绵化改造是否满意？

　　□非常满意　　□一般　　□不满意

3. 您的小区海绵化改造的主要内容是：

　　□雨污分流　□管道清淤　□屋面修补　□路面修复　□雨水立管断接　□绿化
屋顶　□透水铺装　□绿地　□雨水花园　□优化雨水口　□植草沟　□排水沟
　　□雨水桶　□蓄水池　□前置塘　□其他内容：_____

4. 海绵化改造施工过程对您的生活产生了什么影响？

　　□施工噪声　□空气污染　□建筑垃圾随意堆放　□出行及活动受影响

　　□无影响　□其他影响：_____

5. 您认为小区在改造后还存在哪些问题？

　　□积水问题仍然存在　□其他设施未相应改造提升　□原有植物被破坏

　　□污水问题仍然存在　□透水铺装品质差、寿命短　□存在安全隐患

　　□漏水问题仍然存在　□雨水设施内垃圾难清理　□未与原景观结合

　　□进水问题仍然存在　□雨水植物存活率低　□没问题，很满意

　　□其他问题：_____

6. 您认为以上问题存在的原因是什么？

　　□民意调研不足　□施工工艺粗放　□改造资金有限　□物业维护不力

　　□其他原因：_____

三、其他改造需求（请优先选择 3 项）

□优化停车位　□人车分流　□路面破损修复　□增设休息、活动设施

□雨水立管、雨水井整修更换　□屋面、地库渗漏水修补　□增设路灯

□丰富绿化种植　□增设标准化垃圾桶　□完善安防　□无障碍改造

□引入物业公司　□其他需求：_____

参 考 文 献

[1] 美国水环境联合会，美国市政工程学会环境与水资源分会城市雨水控制设计任务组．城市雨水控制设计手册[M]．北京：中国建筑工业出版社，2018．

[2] 中国建筑设计研究院有限公司．建筑给水排水设计手册（第三版）[M]．北京：中国建筑工业出版社，2018．

[3] 北京建筑大学．海绵城市建设技术指南——低影响开发雨水系统构建（试行）[M]．北京：中国建筑工业出版社，2015．

[4] 中国市政工程协会．海绵城市建设实用技术手册[M]．北京：中国建材工业出版社，2017．

[5] 曾思育，董欣，刘毅．城市降雨径流污染控制技术[M]．北京：中国建筑工业出版社，2016．

[6] 王清勤，王俊，程志军．既有建筑绿色改造评价标准实施指南[M]．北京：中国建筑工业出版社，2016．

[7] 深圳市城市规划设计研究院，任心欣，余露，等．海绵城市建设规划与管理[M]．北京：中国建筑工业出版社，2017．

[8] 崔长起，金鹏，等．海绵城市概要[M]．北京：中国建筑工业出版社，2018．

[9] 雷晓玲，吕波．山地海绵城市建设理论与实践[M]．北京：中国建筑工业出版社，2017．

[10] 吕波，雷晓玲．山地海绵城市建设案例[M]．北京：中国建筑工业出版社，2017．

[11] 赵丰东，胡颐蘅．北京市绿色建筑适宜技术指南2016[M]．北京：中国建材工业出版社，2017．

[12] 李冬梅，等．海绵城市建设与黑臭水体综合治理及工程实例[M]．北京：中国建筑工业出版社，2017．

[13] "国家海绵城市建设创新实践"课题组．吉林白城海绵城市建设实践路径[M]．北京：中国建筑工业出版社，2018．

[14] 陈天麟．农村生活污水处理工艺及运行管理[M]．北京：中国建筑工业出版社，2018．

[15] 俞孔坚．海绵城市——理念与方法[J]．建设科技，2019，377（03）：10-11．

[16] 郑克白．海绵城市建设的体会[J]．建设科技，2019，377（03）：12-13．

[17] 黄欣．既有城市住区海绵化改造效果探讨[J]．建设科技，2019，377（03）：28-35．

[18] 董丽琴．北京市老旧小区综合改造研究[J]．建设科技，2019，377（03）：36-38．

[19] 蔡殿卿，等．北京海绵城市试点区建设实践[J]．建设科技，2019，377（03）：92-95．

[20] 薛重华，等．热带海绵城市建设实践[J]．建设科技，2019，377（03）：101-106．

[21] 刘勇．旧住宅区更新改造中居民意愿研究——以上海市旧小区"平改坡"综合改造为例[D]．上海：同济大学，2005．

[22] 李欣琪．基于海绵城市建设的小区雨污分流改造探讨[J]．江西建材，2016，（22）：35．

[23] 黄俊杰，沈庆然，李田．植草沟对道路径流的水温控制效果研究[J]．中国给水排水，2016，32

（3）：118-122.

[24] 刘超，李俊奇，王琪，等. 国内外截污雨水口专利技术发展及其展望[J]. 中国给水排水，2014，30(4)：1-6.

[25] 罗红梅，车伍，李俊奇，等. 雨水花园在雨洪控制与利用中的应用[J]. 中国给水排水，2008，（06）：49-52.

[26] 冯俊琪. 平屋顶简易绿化对屋顶空气温度影响研究[D]. 西安：西安科技大学，2013.

[27] 龚应安，陈建刚，张书函，等. 透水性铺装在城市雨水下渗收集中的应用[J]. 水资源保护，2009，(6)：65-68.

[28] 周赛军，任伯帜，邓仁健. 蓄水绿化屋面对雨水径流中污染物的去除效果[J]. 中国给水排水，2010，26(5)：38-41.

[29] 赵亮. 城市透水铺装材料与结构设计研究[D]. 西安：长安大学，2010.

[30] 冯丽均，廖桂旭，张志聪. 城市更新就像城市的医生，守护城市健康成长[N]. 惠州日报，2018-8-16(A02).

[31] 顾锟辉，郑涛，程炜，等. 城市居住社区雨水径流面源污染控制潜力评价[J]. 给水排水，2019，45(7)：102-106.

[32] 曾捷. 新版《绿色建筑评价标准》中给排水要求简析[J]. 给水排水，2014，40(12)：1-3.

[33] 高小平. 老城区雨污分流改造工程的对策与思考[J]. 中国给水排水，2015，31(10)：16-21.